データマイニング
エンジニアの
教科書

The textbook of the Data mining engineer

株式会社サイバーエージェント
秋葉原ラボ

森下壮一郎・編著
水上ひろき／高野雅典／
數見拓朗／和田計也・著

C&R研究所

■権利について
- 本書に記述されている社名・製品名などは、一般に各社の商標または登録商標です。
- 本書では™、©、®は割愛しています。

■本書の内容について
- 本書は著者・編集者が実際に操作した結果を慎重に検討し、著述・編集しています。ただし、本書の記述内容に関わる運用結果にまつわるあらゆる損害・障害につきましては、責任を負いませんのであらかじめご了承ください。

●本書の内容についてのお問い合わせについて

この度はC&R研究所の書籍をお買いあげいただきましてありがとうございます。本書の内容に関するお問い合わせは、「書名」「該当するページ番号」「返信先」を必ず明記の上、C&R研究所のホームページ(http://www.c-r.com/)の右上の「お問い合わせ」をクリックし、専用フォームからお送りいただくか、FAXまたは郵送で次の宛先までお送りください。お電話でのお問い合わせや本書の内容とは直接的に関係のない事柄に関するご質問にはお答えできませんので、あらかじめご了承ください。

〒950-3122 新潟県新潟市北区西名目所4083-6　株式会社 C&R研究所　編集部
FAX 025-258-2801
『データマイニングエンジニアの教科書』サポート係

はじめに

　作家の西尾維新氏は著書のあとがきで次のように述べています。
　「たいていの職業は、否、すべての職業は、『なるよりも続ける方が難しい』のではないでしょうか。」[※1]
　例に漏れず「データマイニングエンジニア」も、それを生業として続けていくのは難しい職業です。
　本書の執筆時では、Microsoft Excelが表計算ソフトの覇権を握ってから長い時間が経っていますが、かつては統計処理にExcelは不適切だと言われていました。最大でも65,535行までしか読み込めなかったからです。
　ただの集計でも、もっと多くのデータを扱おうと思ったら、自分でプログラムを書いたり、ワークステーションを使ったりする必要がありました。つまり、プログラミングスキルやUNIX系OSを操作できるスキルがないとデータの取り扱いが困難でした。
　データマイニングにエンジニアリングが必要になった由縁です。
　しかしながらコンピュータの処理能力の向上とメモリ容量の拡大によって、ノート型パソコンですら、かつてのワークステーションに匹敵する性能を持つようになりました。またクラウド技術の発達によって、遠隔操作での計算機リソースの利用が容易になりました。Excelは読み込める行数が1,048,576行になりました。それどころかアドインを使えるならば、メモリの許す限り、際限なく読み込めます。
　かつてはエンジニアリングを必要とした作業が、必ずしもそうでもなくなってしまったわけです。
　したがって「データマイニングエンジニア」は、いま現在の業務に限ると、大規模データベースや機械学習のコモディティ化によって、早晩「いらなくなる」職業といえるでしょう。
　——といったことを「紙の本」で述べることもメタ言及的です。最新の情報がいつでも手元の端末から検索できる現在、あえて「紙の本」を手にする意義がどれほどあるものでしょうか。
　もっとも本書の執筆時ではまだ、散在する知識を体系的に列挙する効果的な手法は実装されていません。したがっていまだ書物は、知識を蓄積して伝達するために効率的な形式の1つです。

※1：西尾維新『掟上今日子の退職願』, 講談社, 2015.

以上を踏まえて本書では、データマイニングエンジニアを志す方が、独学で散在している知識を体系的に得られるようになるための基礎的なトピックスを列挙しました。結果的に理論寄りになっていますが、抽象度が高くなりすぎないように配慮しています。またトピックスを提示する順に気を配り、本書を頭から読むことで最も理解が深まるような構成を心がけました。そのために一般的な説明とは多少順番が前後する部分がありますが、ねらいがあってのことです。

　また、エンジニアリング以外のトピックスに比較的多くの紙面を割きました。具体的には、「指標を考える」や「技術者倫理」の章です。さすがに網羅的にとはいきませんが、エンジニアにとって有用と考えられる知識を特に記しました。これも一般的な説明方法は採用せず、エンジニアにとってはわかりやすいたとえ話を採用するなどの配慮をしております。

　このように「データマイニングエンジニアを志す方」に向けて書いてはおりますが、実はほかの分野ですでにご活躍で、その分野のドメイン知識を持ち、しかし何らかの事情で「データマイニングに取り組むことになった方」にこそ、ぜひ読んでいただきたいと考えております。

　冒頭で述べた通り、データマイニングエンジニアを生業として続けていくのは難しいのですが、スキルの1つと考えればむしろ「どんな職業にとっても、それを生業として続けていくのに有用なスキル」といえるでしょう。

　以上の考えのもと、あなたが本書を手に取ったのがいつであっても有用であるように、データマイニングを行う上でそうそう陳腐化しない基礎的知識を列挙しました。

　これも何かのご縁です。さっそく、始めましょう。

🌐 本書で用いる記号について

本書では以下のような数学記号を用います。

◆ 集合

元 x が集合 X に含まれることを $x \in X$ と書きます。2つの集合 X, Y の直積を $X \times Y$ と書きます。集合 X とそれ自身の直積 $X \times X$ を X^2 と書き、一般の直積 $\prod_{i=1}^{n} X$ を X^n と書きます。また、自然数全体の集合を $\mathbb{N}$、整数の集合を $\mathbb{Z}$、実数の集合を $\mathbb{R}$ と表すことにします。

◆ 部分集合

集合 X に対して集合 Y の任意の元 $y \in Y$ が集合 X の元であるとき、Y は X の**部分集合**であるといいます。また、集合 X の元でかつ特定の条件を満たすような集合 Y を

$$Y = x \in X \mid x に関する条件$$

と書きこの Y は X の部分集合です。

◆ 区間

実数上 $\mathbb{R}$ の連続する部分集合で a 以上かつ b 以下である集合 $\{x \in \mathbb{R} \mid a \leq x \leq b\}$ を $[a, b]$ と書き、**閉区間** a、b といいます。

両端を含まない実数の部分集合 $\{x \in \mathbb{R} \mid a < x < b\}$ を (a, b) と書き、これを**開区間** a、b といいます。また、しばしば片側だけ端点を含まないような区間を考えますがそれは $[a, b) = \{x \in \mathbb{R} \mid a \leq x < b\}$ のように片側に丸カッコを使う形で表現します。このような片側のみ端点を含まない区間を**半開区間**と呼びます。

◆ ベクトル

実数の直積の元 $\boldsymbol{x} \in \mathbb{R}^n$ を **n次元ベクトル**といいます。また、ベクトル $\boldsymbol{x}$ の i 番目の元を x_i と書きます。

◆ 行列

　格子状に実数を並べたものを**実行列**といい、行列 A の i 行 j 列目の要素を a_{ij} と書きます。

　m 次元ベクトルから n 次元ベクトルへの線形写像は、$n \times m$ 行列との積と同一視できますが、ベクトルと行列の演算規則は一般的な行列演算に従います。また特に注意書きをしない限りベクトルは列ベクトル（縦ベクトル）とします。つまり m 次元のベクトルに対して $n \times m$ 行列は左から掛けることとします。

　また、行列 $A = (a_{ij})$ の行と列を入れ替えた $A^\top = (a_{ji})$ を行列 A の**転置行列**といいます。

　行列 A の行の数と列の数が等しいとき、この行列を**正方行列**といいます。また、任意の正方行列 A に対して次の式を満たす正方行列 I を**単位行列**といいます。
$$IA = AI = A$$
　ある正方行列 A に対して
$$AX = XA = I$$
を満たす行列 X が存在するとき、この行列 A を正則行列といいます。そして、この X を A の**逆行列**といい、$X = A^{-1}$ と書きます。

◆ 関数

　集合 A の元から集合 B に対する関数を
$$f : A \to B$$
と書きます。

目次 contents

◉CHAPTER-01
データマイニングを始める前に

- 01 「データマイニング」は何を指す用語なのか ……………… 18
  - ● データマイニングの来歴 ……………………………………… 18
- 02 データ ………………………………………………………… 21
  - ● 質的データと量的データ …………………………………… 22
- 03 本書の構成 …………………………………………………… 24
  - ● 各章の相互の関係 …………………………………………… 24
  - ● 本書を読むにあたっての前提知識 ………………………… 25
  - ● 本書の読み方 ………………………………………………… 25
- 04 本章のまとめ ………………………………………………… 26
  - ● 本章の参考文献 ……………………………………………… 26

◉CHAPTER-02
統計学の基礎

- 05 データの要約 ………………………………………………… 28
  - ● 標本調査と全数調査 ………………………………………… 28
  - ● 代表値 ………………………………………………………… 29
  - ● さまざまな基本統計量 ……………………………………… 29
  - ● クロス集計 …………………………………………………… 31
- 06 統計と確率 …………………………………………………… 32
  - ● 事象 …………………………………………………………… 32
  - ● 確率変数 ……………………………………………………… 33
  - ● 分布関数 ……………………………………………………… 33
  - ● 確率密度関数 ………………………………………………… 34
  - ● 確率関数 ……………………………………………………… 35
  - ● 事象の独立 …………………………………………………… 37
  - ● 確率変数の独立 ……………………………………………… 37
  - ● 期待値 ………………………………………………………… 37
  - ● 分散 …………………………………………………………… 38
  - ● パラメトリックな確率分布 ………………………………… 39
  - ● 尤度 …………………………………………………………… 40
  - ● 推定 …………………………………………………………… 40

- 統計量と推定量 …………………………………… 41
- 最尤推定 ………………………………………… 42
- 検定 ……………………………………………… 43

07 本章のまとめ ……………………………………… 44
- 本章の参考文献 …………………………………… 44

🌐 CHAPTER-03
計算機上のデータ

08 データの種類とデータ型 ………………………… 46
- 1つの値を表現する ……………………………… 46
- 値の表現方法を特徴づける概念 ………………… 46
- 各データ型の特徴 ………………………………… 48
- どのデータ型を選ぶべきか ……………………… 51

09 リテラル …………………………………………… 52
- リテラルの例 ……………………………………… 52
- リテラルのデータ型 ……………………………… 52
- nullリテラル ……………………………………… 53
- 文字列リテラル …………………………………… 53
- エスケープ文字 …………………………………… 53
- エスケープシーケンス …………………………… 54

10 識別子とコード …………………………………… 57
- 識別子 ……………………………………………… 57

11 データのメタ情報 ………………………………… 60
- 「メタ」とは何か ………………………………… 60
- メタデータの具体例 ……………………………… 60
- メタ情報の持ち方 ………………………………… 64
- 再考：InfやNaNやnullやN/A …………………… 66

12 データと知識とメタ情報 ………………………… 68
- データについての知識に基づく解釈 …………… 68
- メタデータとしての知識の付与 ………………… 69
- 推論によるメタ情報の獲得 ……………………… 70

13 本章のまとめ ……………………………………… 72
- 本章の参考文献 …………………………………… 72

⊕CHAPTER-04
構造を持つデータ

- 14 データ構造 ……………………………………………………………… 74
  - アルゴリズム+データ構造 …………………………………………74
  - プログラム ………………………………………………………………75
- 15 配列とリスト ……………………………………………………………… 76
  - 配列 ………………………………………………………………………76
  - リスト ……………………………………………………………………77
  - キューとスタック ………………………………………………………78
- 16 多次元配列と入れ子構造 ……………………………………………… 79
  - 多次元配列 ………………………………………………………………79
  - 入れ子構造 ………………………………………………………………81
- 17 データマイニングでよく使われる構造 ……………………………… 82
  - 連想リスト ………………………………………………………………82
  - テーブル …………………………………………………………………82
- 18 本章のまとめ …………………………………………………………… 86
  - 本章の参考文献 …………………………………………………………86

⊕CHAPTER-05
テーブル

- 19 テーブルに関する考察 ………………………………………………… 88
  - テーブルとは何か ………………………………………………………88
  - 「扱いやすい」テーブル ………………………………………………91
- 20 テーブルの操作 ………………………………………………………… 99
  - SQL ………………………………………………………………………99
  - テーブルからテーブルを作る …………………………………………99
  - サブクエリとWITH句 …………………………………………………103
  - ピボット …………………………………………………………………105
  - アンピボット ……………………………………………………………106
- 21 テーブルと行列 ………………………………………………………… 108
  - 多変量データのテーブル ………………………………………………108
  - 本書で採用する行列での表現 …………………………………………108
  - 2種類の表現の比較 ……………………………………………………109

22　本章のまとめ ………………………………………………… 112
　　●本章の参考文献 ……………………………………………… 112

CHAPTER-06
可視化

23　可視化の目的 ………………………………………………… 114
　　●要約して可視化する ………………………………………… 114
　　●1変量の具体例 ……………………………………………… 114
24　四分位数と箱ひげ図 ………………………………………… 116
　　●順序統計量 …………………………………………………… 116
25　ヒストグラムと確率密度関数 ……………………………… 122
　　●ヒストグラム ………………………………………………… 122
　　●確率密度関数の推定 ………………………………………… 123
26　理論分布との差を見る ……………………………………… 128
　　●P-Pプロット ………………………………………………… 128
　　●Q-Qプロット ………………………………………………… 129
　　●偏りを表す …………………………………………………… 130
27　散布図と楕円 ………………………………………………… 132
　　●散布図と確率密度関数 ……………………………………… 132
　　●分散共分散行列と楕円 ……………………………………… 133
28　本章のまとめ ………………………………………………… 136
　　●本章の参考文献 ……………………………………………… 136

CHAPTER-07
パターンと距離

29　パターン認識 ………………………………………………… 138
　　●パターン認識とは …………………………………………… 138
　　●改めて「パターン」とは何か ……………………………… 138
　　●パターン空間 ………………………………………………… 140
　　●パターン認識の手続き ……………………………………… 140
　　●パターン認識と距離 ………………………………………… 141

30	さまざまな「距離」	143
	●道のりに基づく距離	145
	●道のりによらない距離	148
	●距離に基づく空間	153
31	クラスタリング	156
	●クラスタリングの定義	156
	●クラスタ間の距離	157
	●階層的クラスタリング	159
	●非階層的クラスタリング	160
	●再考：マハラノビス汎距離	161
32	みにくいアヒルの子の定理	163
	●直感と反する命題	163
	●「みにくいアヒルの子」はどれか	164
	●「みにくいアヒルの子の定理」の直感的理解	165
	●パターン間の距離を測る	166
	●すべての述語を列挙する	166
	●再考：「みにくいアヒルの子」はどれか	167
	●「距離の測り方が悪いのでは？」	167
	●結局、何が言いたいのか	168
33	本章のまとめ	170
	●本章の参考文献	170

CHAPTER-08

多変量解析

34	多変量データの課題	172
35	相関分析	173
36	主成分分析	176
	●分析結果	176
	●主成分の計算	178
37	一般化線形モデル	180
	●正規分布を仮定したモデル	180
	●二項分布を仮定したモデル	182
	●ポアソン分布を仮定したモデル	183

38	モデル選択	184
	●バイアスとバリアンス	185
	●情報量基準	186
39	本章のまとめ	188
	●本章の参考文献	188

CHAPTER-09
時系列解析

40	時系列データについて	190
41	図示	192
	●図示の例	192
42	標本統計量	195
	●数式による時系列データの表記	195
	●確率過程	195
	●期待値	196
	●分散	196
	●自己共分散	196
	●自己相関係数	196
43	周期性	200
	●スモールトレンド法	201
44	単位根過程	206
	●見せかけの相関	207
45	予測	209
	●予測の考え方	209
	●時系列モデル	210
	●学習期間と予測対象データ	210
	●予測性能の評価	211
	●予測性能の比較	212
46	本章のまとめ	214
	●本章の参考文献	215

CHAPTER-10
計算量の見積もり

47　記憶装置と計算の効率 …………………………………… 218
　●メモリヒエラルキー …………………………………………… 218

48　並列コンピューティング ………………………………… 220
　●共有メモリ型と分散メモリ型 ………………………………… 220
　●分散メモリ型並列処理プログラミングモデル ……………… 221

49　実行時間の見積もり ……………………………………… 224
　●フェルミ推定 …………………………………………………… 224
　●ランダウ記法 …………………………………………………… 226
　●具体例 …………………………………………………………… 227

50　バッチ学習とオンライン学習 …………………………… 229
　●バッチ学習 ……………………………………………………… 229
　●オンライン学習 ………………………………………………… 229
　●ミニバッチ学習 ………………………………………………… 230

51　本章のまとめ ……………………………………………… 231
　●本章の参考文献 ………………………………………………… 231

CHAPTER-11
エンジニア的財務会計

52　利益を扱う会計 …………………………………………… 234
　●身近な会計との違い …………………………………………… 234
　●財務会計の要素 ………………………………………………… 234
　●P/LとB/S ……………………………………………………… 235

53　エンジニア的複式簿記 …………………………………… 236
　●武器屋の帳簿 …………………………………………………… 236
　●テーブルの結合による仕訳 …………………………………… 237
　●仕訳 ……………………………………………………………… 238
　●借金した場合 …………………………………………………… 239
　●ここで単式簿記 ………………………………………………… 240
　●勘定科目の分類 ………………………………………………… 241
　●改めてP/LとB/S ……………………………………………… 242

- ●利益とは何か ……………………………………………………… 243
- ●武器屋のP/LとB/S ………………………………………………… 243

54 技術的負債 ……………………………………………………… 245
- ●先取り約束機 ……………………………………………………… 245
- ●「動くシステム」の先取り ………………………………………… 245
- ●手っ取り早く作った場合 ………………………………………… 246
- ●リスクとして見積もっておく場合 ……………………………… 247

55 本章のまとめ …………………………………………………… 248
- ●本章の参考文献 …………………………………………………… 248

CHAPTER-12
指標を考える

56 指標の重要性 …………………………………………………… 250
- ●『マネー・ボール』 ………………………………………………… 250
- ●セイバーメトリクス ……………………………………………… 251
- ●データマイニングへの期待 ……………………………………… 251

57 環境分析から施策実施 ………………………………………… 252
- ●KSF ………………………………………………………………… 252
- ●KGI ………………………………………………………………… 253
- ●KPI ………………………………………………………………… 253
- ●KSFの抽出の難しさ ……………………………………………… 254
- ●指標を作る ………………………………………………………… 254

58 会計指標 ………………………………………………………… 257
- ●利益率 ……………………………………………………………… 257
- ●総資産回転率 ……………………………………………………… 259
- ●自己資本利益率（ROE） ………………………………………… 259
- ●指標のブレークダウン …………………………………………… 260

59 アドテクにおける指標 ………………………………………… 261
- ●アドテクノロジー ………………………………………………… 261
- ●広告の指標 ………………………………………………………… 262
- ●課金モデル ………………………………………………………… 264

60 再考：ハーフィンダール・ハーシュマン指数 ……………… 265
- ●HHIのブレークダウン …………………………………………… 265
- ●5Fsとの対応 ……………………………………………………… 268

- 6 1　本章のまとめ ……………………………………………… 269
  - 本章の参考文献 ……………………………………… 269

CHAPTER-13

技術者倫理

- 6 2　データマイニングエンジニアの倫理 …………………… 272
  - どこまで責任があるのか？ ………………………… 272
  - 責任と義務 …………………………………………… 273
  - 義務と権利 …………………………………………… 275
  - 職務上の責任と道徳的責任 ………………………… 275
  - 専門家に対する信頼 ………………………………… 276
  - プロフェッショナルの責任 ………………………… 277
- 6 3　システムの自動化に伴う責任 …………………………… 278
  - Librahack事件 ………………………………………… 278
  - 結果の重大性 ………………………………………… 279
  - 結果の予見可能性 …………………………………… 279
  - 改めて「権利と義務」 ……………………………… 280
- 6 4　個人情報とプライバシーの保護 ………………………… 281
  - 「とある人物」を特定する ………………………… 281
  - 個人情報保護法 ……………………………………… 283
  - 個人に関する情報 …………………………………… 284
  - 特定の個人を識別する ……………………………… 286
  - 匿名化と仮名化 ……………………………………… 287
  - 再考：とある人物を特定する ……………………… 292
  - プライバシーに関わる情報 ………………………… 292
- 6 5　本章のまとめ ……………………………………………… 296
  - 本章の参考文献 ……………………………………… 296

● COLUMN

- ■「十分に未来」……………………………………………………… 55
- ■動的と静的 ………………………………………………………… 56
- ■知識の分類 ………………………………………………………… 71
- ■行列のラスタライズ ……………………………………………… 85
- ■プログラミング言語の分類と知識の分類 …………………… 107
- ■テーブルの列を列ベクトルと対応づける場合 ……………… 111
- ■四分位数の流派 ………………………………………………… 120
- ■四分位数とヤマタノオロチ …………………………………… 121
- ■木構造の編集距離 ……………………………………………… 155
- ■ひとさじの砂糖 ………………………………………………… 169
- ■データベースにおけるパーティション ……………………… 227
- ■取引の二面性についての補遺 ………………………………… 244
- ■『マネー・ボール』の功労者 ………………………………… 256
- ■必勝のパターン ………………………………………………… 256
- ■非専門家でも必要な倫理 ……………………………………… 277
- ■欧州委員会による十分性認定 ………………………………… 295
- ■性癖 ……………………………………………………………… 295

- ●索 引 …………………………………………………………… 298

CHAPTER 01

データマイニングを始める前に

>>> **本章の概要**

「はじめに」で本書のねらいを示し、さらにデータマイニングになぜエンジニアが必要になったかについて私見を述べました。
特に断りなくデータマイニングという言葉を用いましたが、本章では一度立ち戻り、そもそも「データマイニング」は何を指す用語なのかについて論じます。さらにその前提となる「データ」という用語について、本書における用法と一般的な知識とを詳述します。最後に、データマイニングエンジニアに求められる素養や知識をいくつかの要素に分けて、この章以降の各章との対応を示しながら、前提とする知識と本書の読み方について述べます。

SECTION-01
「データマイニング」は何を指す用語なのか

　仮説なしで集められたデータからパターンを見いだそうとする行為を**データマイニング(data mining)**といいます。「仮説」と「パターン」という用語については説明が必要です。具体的には「統計学の基礎」「パターンと距離」の章でそれぞれ述べますので、ここでは、「仮説」は「何かの考え」、「パターン」は「何かの意味」くらいのニュアンスだと思ってお読みください。

　もっともこれらの用語をそのまま置き換えて冒頭の文を読んでしまうと、『何の考えもなしに集められたデータから何かの意味を見いだそうとする行為を「データマイニング」といいます』と、だいぶ身も蓋もない表現になってしまいます。世の中で行われている「データマイニング」の説明としては、これはこれで間違いでもありませんが、シニカルに過ぎます。

　一方で、期待される結果や有用性、および手段に重きを置くと、「従来の技術では取り扱えなかったほど大規模なデータベースから、それまで誰も見つけられなかった価値ある情報を最新の技術で云々」というような書き方になり、これも大仰になるきらいがあります。

🌐 データマイニングの来歴

　実は「データマイニング」という用語は非常に曖昧で、時代背景や技術的背景、およびこの用語を使う人の立場によって定義が異なります。本書では、価値中立かつ時代の変化によらない説明として冒頭の表現を選択しました。

　以下、データマイニングの来歴を示しながら、意味や位置づけの変遷を概観します。

◆ 当初の意味

　データマイニングという用語は当初、否定的な意味合いで使われていたようです。1980年代の論文では「データの浚渫(しゅんせつ)」と同じような意味合いで使われています。「浚渫」は「水底の土砂や岩石をさらうこと」です。**データの浚渫(data dredging)**は、自分にとって都合のいい現象が、あたかも必然として起きたように見えるデータが一定の確率で偶然に観測されることを逆手にとって、データを徹底的に「さらう」ことで、そのような都合のいいデータを見いだす行為を指します。

◆ 一般的な説明

1990年代になると肯定的な意味合いで用いられるようになります。

国際会議Interface'97（1997年）における統計学者のジェローム・H・フリードマン（Jerome H.Friedman）による基調講演の資料で今日的なデータマイニングという用語の使われ方がまとめられています[1]。これを読むと当時も複数の立場があったことがうかがえますが、概ね次のように要約できます。

データマイニングとは大量のデータをもとに──

- 理解可能なパターンを見極めること。
- 知られていない知識を発見すること。
- 意志決定を支援すること。

◆ データベースからの知識発見

データベースを起点としてデータから知識を見いだす考え方は**データベースからの知識発見（KDD: knowledge-discovery in databases）**という研究分野です。1989年に開催されたワークショップ（IJCAI'89 Workshop on Knowledge Discovery in Databases）から始まり、1990年代から盛んになりました。計算機科学者のウサマ・ファイヤード（Usama Fayyad）による1996年の文献では、データマイニングはKDDを構成する1つの要素として位置づけられています[2]。

◆ 探索的データ解析

一方、前述のフリードマンの基調講演の資料では、1977年のダラスで行われた国際会議（Conference on the Analysis of Large Complex Data Sets）がデータマイニングの源流であり、さらに探索的データ解析を提唱したジョン・テューキー（John W.Tukey）による1962年の論文[3]にまでさかのぼれるとされています。

探索的データ解析（EDA: exploratory data analysis）[4]は、当時は理論に偏重気味だった推測統計学のアンチテーゼとして提唱されたもので、仮説をおかずにデータを解釈しようとする考え方とその手法です。また、推測統計学は、統計学者のロナルド・フィッシャーが確立した学問で、限られた数のサンプルから全体を見積もるものです（EDAについては「可視化」の章、推測統計学については「統計学の基礎」の章で改めて述べます）。

◆ 統計学との関係

　データに対して仮説をおかないEDAの思想は、データマイニングの目的の1つの「知られていない知識を発見する」に通じます。もっとも社会心理学者のラッセル・M・チャーチ（Russell M.Church）によるテューキーの著書の書評[5]には「フィッシャー以前の日々（pre-Fisher days）に戻る」という表現があり、当時の統計学者にとってEDAの考え方は、推測統計学以前——すなわち対象を全数調査して集計する記述統計——に戻るものであるという見方があったようです。

　それではデータマイニングには統計学の知識は必要ないかというと、そんなことはありません。そもそものテューキーの問題意識は、当時の純粋数学としての統計学がデータ解析の画期的な革新をもたらしていなかったことにありました。しかし、その後、奇しくもテューキー自身が『おそらく「次に来る」が、大きな効果を示すべく広くは用いられていない』と評した反復計算による最尤推定がパターン認識などに応用されて飛躍的な発展をもたらしたように、むしろ数理統計学の知識は必須のものとなりました。

SECTION-02

データ

　データという言葉にはさまざまな解釈があります。計算機に保存されている文章もデータですし、時には会議のために用意された資料がデータと呼ばれることがあるでしょう。しかし、データサイエンス、とりわけ統計科学の分野では**考察の対象から観測できる情報**を**データ**といいます。また、1つの対象から複数の情報が観測できるとき、**観測された情報の組み合わせ**を特に、**多変量データ**といいます。

　たとえば、ある生物を考察の対象にするとします。この生物から**体長**と**体重**の情報が観測できるとき、体長と体重の値の組をこの生物に関する**多変量データ**といいます。

　多変量データの集合はしばしば表の形式で表現されます。たとえば、1人の学生を対象に5つの科目の成績を観測するとき、学生の成績一覧は下記のような表の形で表すことができるでしょう。

学生番号	国語	英語	数学	理科	社会
1	64	52	54	57	83
2	74	81	62	72	81
3	72	56	72	60	67
4	61	68	62	69	59
5	77	71	82	76	84
6	45	61	52	73	54
7	83	93	61	56	83
8	69	66	66	60	55

　このような表形式の表現を用いることが多いことから、「ある学生の科目ごとの成績」のように1つの対象に関する多変量データは単に**行**と呼ばれます。また、同様にして「学生ごとの国語の成績のような」観測対象ごとの、ある観測情報の集まりを単に**列**といいます。

　「観測の対象自体の数が多いことが多変量である」という誤解を招きがちですが、この多変量という言葉の本質は、観測の対象ひとつあたりから複数の情報が取得できることにあるので注意が必要です。以後、混同のない範囲でデータ、多変量データやその集合を単にデータと呼ぶこととします。

質的データと量的データ

観測情報であるデータは大まかに**量的データ**と**質的データ**の2つに分類できます。データ利活用の現場では、後述のクロス集計や可視化などは基本的なテクニックですが、その際にも質的データと量的データの区別を理解することはとても重要です。

◆ 質的データ

考察対象の分類や識別に利用される情報は質的データ、もしくは質的変数といいます。名前や性別・IDやグループ名がこの質的データにあたります。文字列で表されることがほとんどですが、会員番号など、大小比較が意味を成さないものや、何らかの順位など、対象を識別することに使われる情報は数値でも質的データに分類されます。質的変数のことをカテゴリ変数もしくは単にカテゴリカルと呼ぶこともあります。

◆ 量的データ

物事の程度や量の大きさや強度を表す情報を量的データ、もしくは量的変数といいます。物体の重さや速さ、また、ビジネスの現場での来店客数や売上高などがこの量的データにあたります。数値として表現することができ、合計や平均などの集計処理や統計処理の対象となるのが量的データに分類されます。量的変数は、値同士の間隔が意味を成すことが多いことから連続変数などと呼ばれることがありますが、これはは必ずしも数学的な連続を意味しないため注意が必要です。

◆ 派生変数

多変量データのうち、複数の列から計算された副次的な変数を**派生変数**といいます。たとえば、先の試験の成績のデータからは、各学生ごとに全科目の成績を足し合わせた「合計点」が計算できます。この合計点は他の複数の列から生成された派生変数です。

学生番号	国語	英語	数学	理科	社会	合計点
1	64	52	54	57	83	310
2	74	81	62	72	81	370
3	72	56	72	60	67	327
4	61	68	62	69	59	319
5	77	71	82	76	84	390
6	45	61	52	73	54	285
7	83	93	61	56	83	376
8	69	66	66	60	55	316

　また、**ビン**は頻繁に用いられる派生変数で、このビンを作成する処理を**ビニング**といいます。ビニングは観測値を適当な境界で区切ることで、量的データを質的データに変換する処理です。

　100点を満点とする試験の評点を $[0, 59]$、$[60, 69]$、$[70, 79]$、$[80, 100]$ の区分に分割し、それぞれの区分に「不可」「可」「良」「優」と評定をつける例を考えてみましょう。

学生番号	評点	評定
1	64	可
2	74	良
3	72	良
4	61	可
5	77	良
6	45	不可
7	83	優
8	69	可

　このように生成された評定は、全生徒の成績の集計など、幅広い集計や要約に利用されます。

SECTION-03
本書の構成

データマイニングエンジニアに求められる素養や知識は、主に数理統計学と計算機科学に関するものですが、本書では次の5つのキーワードを軸に考えます。

❶ 統計学
❷ データ
❸ パターン
❹ エンジニアリング
❺ 意思決定支援

統計学の素養は、前節までで述べた理由で必要です。**データ**の扱い方に関する知識も当然に求められます。そしてデータマイニングに期待されるのは理解可能な**パターン**を見極めることでした。**エンジニアリング**は大量のデータを扱うために必要です。そして**意思決定支援**をすることがデータマイニングの目的になります。

各章の相互の関係

以上を踏まえて、本書の構成を下図のようにしました。

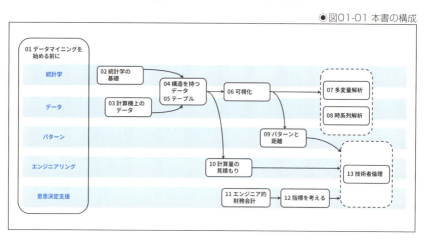

●図01-01 本書の構成

矢印は本書の各章で述べている内容の相互の関係を示していますが、必ずしもどちらかがどちらかの前提知識であることを示しているわけではありません。単純に、本書における説明の順番がこうなっているというだけのものです。

　なお、扱う内容は数理統計学から技術者倫理に至るまで広い分野にわたるのですが、紙幅が限られているので、それぞれについて詳細を述べることはできませんでした。しかしながら表面をなぞるだけのことにはならないように、各分野においてトピックスを絞って、それぞれについて説明を丁寧にするように心がけています。

　広い庭園の飛び石のように間は広く空いているものの、踏める場所の足場はしっかりしているというイメージを持っていただければと思います。各章に必ず参考文献を挙げましたので、飛び石の間を埋める一助としてください。

● 本書を読むにあたっての前提知識

　4年制大学の工学系の学部において、1年生から2年生くらいの必修科目を履修したことがあることを前提としますが、それらがきちんと身に付いていることまでは前提としません。それぞれのキーワードについて「そういえばそんなのがあった」「聞いたことがある」程度で、本書を読むにあたっては十分です。

● 本書の読み方

　「はじめに」で述べた通り、本書を頭から読むことで最も理解が深まるような構成を心がけています。

　前述のようにあまり深い知識を前提としないので、特に前半は多くの読者にとってすでにご承知のことが書かれていると思います。しかしながら広い範囲の話題を取り扱っているので、読者それぞれの専門性によっては難しすぎると感じる部分もあるでしょう。図01-01で示した通り、各章は相互につながっていますが、強い依存関係はありませんので、難しすぎると思った部分は後回しにしていただいて構いません。

　また、数理統計学や計算機科学に立脚する分野とは別の分野の方にも読んでいただきたいと考えております。そのような方々にとっては、むしろ後から読むのも一つの手です。

SECTION-04

本章のまとめ

　本章では、データマイニングの来歴に基づいて「データマイニング」という用語の本書における意味を示し、さらに対象とする「データ」の形式や種類について簡単に述べました。そして、本書の構成を図示しながら本書の読み方を示しました。

　なお、データマイニングの来歴を述べるにあたって下記の文献を参照しました。いずれも1990年代の古い文献ですが、現代における課題に通じる部分が見いだせて、これぞ陳腐化しない知識であると感心させられます。

🌐 本章の参考文献

[1] J. H. Friedman, Data mining and statistics: What's the connection? in Proceedings of the 29th Symposium on the Interface Between Computer Science and Statistics, 1997, URL:http://venus.unive.it/romanaz/edami/letture/jfriedman.pdf

[2] U. Fayyad, G.Piatetsky-Shapiro, and P.Smyth, From data mining to knowledge discovery in databases, AI magazine, 17, p.37, 1996, URL:https://www.aaai.org/ojs/index.php/aimagazine/article/viewFile/1230/1131

[3] J. W. Tukey, The future of data analysis, Annals of Mathematical Statistics, 33, 1962.

[4] J. W. Tukey, Exploratory Data Analysis, Addison-Wesley, 1977.

[5] R. M. Church, How to look at data : A review of john w.tukey's exploratory data analysis, Journal of the experimental analysis of behavior, 31, pp.433-440,1979.

CHAPTER 02
統計学の基礎

>>> 本章の概要

　この章ではデータマイニングを支える重要な理論の1つである、統計学について説明します。

　データマイニングが取り扱うデータはさまざまです。取り扱うデータは「時間」×「速さ」＝「距離」のような単純な規則で説明できるものばかりではありません。たとえば、ある顧客の購買履歴から将来の購買を予測しようとしても、現実のデータは不確実で、加減乗除などの単純な規則ではなかなか説明がつかないでしょう。

　確率の考え方を用いることで、ある程度の不確実さを合理的に説明できます。コイン投げの結果を観測するような不確実な現象に対しても、不確実性を適切に定式化することで「このコインは表が出やすい」といった合理的な考察が可能になるのです。

　また、一部のデータ（標本）から全体（母集団）の性質を説明することは統計学の大きな目的の1つです。データマイニングの現場においては、「アンケートをもとに消費者全体の動向を探る」など、分析できるデータから全体の性質を推測することは大きなテーマです。基礎的な内容にはなりますが、続く章で用いるさまざまな理論を理解する上で欠かせない概念です。理解を深めた上で続く章を読み進めましょう。

SECTION-05

データの要約

　実データを手にしたら、多くの場合、確率に基づく統計処理に先立って、何らかの意味で取得したデータの要約を行います。データの要約により、有用な規則性や知見を発見できることもしばしばあります。たとえば、購買行動と密接な関係がある属性など、単一の行に注目しても見いだしづらいデータの性質が、データの要約を行い全体の傾向として見ることで明確になります。また、要約では説明できないような複雑なデータに対しても、そのデータがどのような不確実性を持つかなどの統計的な処理の準備的考察に用いることができます。この節では統計学を説明する準備として、データ要約の考え方について説明します。

● 標本調査と全数調査

　データ分析を行うときは、必ずしも考察の対象すべてのデータを使用できるとは限りません。たとえば、将来にわたっても発生し続ける手続き履歴の情報などは、過去の手続き履歴を標本として分析を行わざるを得ないでしょう。また特定の生物の生態調査なども全個体のデータが手に入らない典型的な例です。それ以外にも、計算リソースの関係で全数の分析ができないなど、全数調査がままならない原因はいくらでもあります。

　ここでは、具体的な例を通じて標本調査と全数調査について解説します。

◆ 標本調査

　全数調査が不都合な状況下では分析する上で扱いやすい数の標本を選び、そこから全体の性質を推測しますが、このことを**標本調査**といいます。標本調査に使用するデータを**標本**もしくは**サンプル**といい、その集まりを標本列、もしくはサンプル列といいます。

　また、標本として全対象のデータが取り扱えるとき、その全対象を**母集団**、全対象を調査することを**全数調査**といいます。

◆ 標本調査の例

標本調査には次のような例があります。

- 植物から採取できる種子数を調べるために、採取した標本からデータを取得する。
- 政党の支持率を調べるために、無作為に生成した電話番号に電話をかけアンケートを取る。

◆ 全数調査の例

全数調査には次のような例があります。

- ある中学校などの試験で学級ごとの成績を比較・評価する。
- 企業の従業員の平均年齢を評価する。

🌐 代表値

観測値の列 $x_1, x_2, \ldots x_n$ から計算される、標本を代表すると考えられる値を**代表値**といいます。平均、中央値、最頻値などがこの代表値に該当します。また標本調査における代表値は、多くの場合、母集団の性質を近似することが期待されます。

そのほかにも最小値や最大値やデータの総数など、標本の重要な性質を表す値がありますが、代表値を含む標本の重要な性質を表す値は総称して**基本統計量**と呼ばれています。また、標本から基本統計量や代表値を計算することを**集計**といいます。

🌐 さまざまな基本統計量

ここでは頻繁に用いられる基本統計量について、具体例とともに紹介します。

◆ 平均

最も基本的な代表値に**平均**があります。下記で定義される $\bar{x}$ を標本平均といいます。

$$\bar{x} := \frac{1}{n} \sum_{i=1}^{n} x_i$$

たとえば観測の対象となった3名の年齢がそれぞれ20歳、30歳、40歳だった場合は次のように年齢の平均値が計算できます。

$$\bar{x} = \frac{1}{3}(20 + 30 + 40) = 30$$

◆ 中央値

中央値は順序に基づく代表値といえます。先に紹介した平均は、標本に極端な偏りが大きい場合、標本の性質を正しく反映しないことがあります。たとえば、人口が100人の村で村人の年収を評価することを考えてみます。調査の結果99人の年収が500万円、1人だけが10億500万円であることがわかったとします。このような場合、村人の年収を平均で評価しようとすると、平均年収は1500万円と見積もられます。しかしながらこの1500万円という数字は、実際の村人の年収を表すものとはかけ離れているように見えます。この乖離はデータの偏りによって引き起こされています。データの偏りが激しい場合は平均値よりはむしろ中央値が代表値としてはより妥当です。

得られたサンプルを大きい順に並べてその中心にある値を標本全体の代表値として採用したものが中央値です。先の人口100人の村の例では年収が高いほうから数えて50番目の500万が年収の中央値となります。

◆ 最頻値

最頻値は多数決に基づく代表値といえます。広い意味では質的変数に用いられる代表値ですが、ほとんどの場合、ビニングされた量的変数や、整数値を取る量的変数に対して用いられます。たとえば、ある会社の社員の年齢を調査したところ、20代社員が4人、30代社員が8人、40代社員が2人在籍していたとします。30代の社員が最も多いことを根拠に30を代表値とするのが最頻値の考え方です。

◆ 分散

観測値に対するもう1つの興味に「中心からどれほど散らばっているか」というものがあります。その散らばり具合の尺度として下記で定める分散 σ^2 があります。

$$\sigma^2 = \frac{1}{n} \sum_i (x_i - \mu)^2$$

この標本分散は標本平均からの二乗誤差の平均といえます。

◆ 標準偏差

標本分散の正の平方根である

$$\sigma = \sqrt{\frac{1}{n}\sum_i (x_i - \mu)^2}$$

を**標準偏差**といいます。

⊕ クロス集計

　標本を複数のカテゴリに分割し、それぞれのカテゴリにおいて代表値や基本統計量を計算することを**クロス集計**といいます。たとえば、身長を性別ごとに集計することはクロス集計ですが、このことを俗に**身長を性別でクロスにかける**などといったりします（業界人ぽくてかっこいいですね）。

　クロス集計の例を見てみましょう。いま6名から性別と身長が下記のように観測されたとします。

性別	身長
男性	180cm
男性	170cm
男性	160cm
女性	170cm
女性	160cm
女性	150cm

　このデータについて、身長の最大値、最小値、平均値を性別でクロスにかけると次のような結果が得られます。

	男性	女性
平均	170cm	160cm
最大	180cm	170cm
最小	160cm	150cm

　このクロス集計はさまざまな分析タスクの基礎となります。上記のように性別と身長のほか、職業と年収、品種と売り上げなど、幅広い種類の多変量データで変数間の関係を見抜くことができます。

SECTION-06

統計と確率

　前節で取り扱ったデータの要約では、あくまでも標本列の性質を計算していました。しかし、統計学の目標は標本列から**考察の対象全体の性質を予想すること**です。例として、しばしば集計値である標本平均を根拠としてデータ全体の性質である母平均を見積もりますが、このことに理論的なお墨付きを与えるのが統計学の役割といえます。統計学の枠組みでは「偶然」や「ランダム」を理論的に取り扱うことができます。一方でデータマイニングが取り扱うデータの多くは偶然現象の結果として得られたサンプル列と見なせることが多いため、統計学はデータマイニングにおいて重要な役割を果たします。

　続く節では統計学を構成する重要な概念とその性質をかいつまんでご紹介します。

🌐 事象

　考察の対象とする偶然現象の集合を**事象**といいます。また、事象のもととなりうる要素は**根元事象**と呼ばれており ω と表します。根元事象全体の集合は**全事象**といい Ω と表します。任意の事象は全事象の部分集合です。事象全体の集合は Ω の部分集合族ですが、それを $\mathcal{F}$ と書きます。

◆ 事象の例

　サイコロの目が偶数であるという事象 A は根元事象の集合で、数式では下記のように定義できます。

$$A = \{\text{'2 の目が出る'}, \text{'4 の目が出る'}, \text{'6 の目が出る'}\}$$

◆ 根元事象の例

　「'2の目が出る'」などが根元事象にあたります。

🌐 確率変数

統計学や確率論の枠組みでは、根元事象を観測値である実数に対応づけることで、偶然現象を理論的に取り扱います。数学的に厳密な部分は割愛しますが、この根元事象から実数への写像 $X : \Omega \to \mathbb{R}$ のうちいくつかの条件を満たすものを**確率変数**といいます。「このいくつかの条件」は「測れること」を厳密に定義したような条件です。

◆ 確率変数の例1

「本棚から1冊の本を取り出し、その重さ(グラム)を観測して元に戻す」という実験を考えてみます。この場合、「本Aが選ばれる」が根元事象で、その本の重さが100グラムだった場合、100 が観測値となります。この「本Aが選ばれる」に数値 100 を対応させる写像が確率変数です。

◆ 確率変数の例2

コイン投げの例を考えます。このとき、「表が出る」という根元事象に対して観測値 1 を、「裏が出る」という根元事象に対して観測値 0 を対応させる写像 X を考えるとき、この X は確率変数です。

◆ 観測値をもとにした事象の記法

いま任意の $x \in \mathbb{R}$ と確率変数 X に対して、不等号 $X(\omega) < x$ を満たす根元事象の集合すなわち事象 $\{\omega \in \Omega \mid X(\omega) < x\}$ は簡易的な記号で $X < x$ と表されます。また、$X = x$ なども同様に $\{\omega \in \Omega \mid X(\omega) = x\}$ と同値です。等式や不等式と混同しやすいので注意が必要です。

🌐 分布関数

いま事象 A の確率を $P(A)$ と書くとします。このとき任意の $x \in \mathbb{R}$ に対して

$$F(x) := P(X < x)$$

で定義される $F : \mathbb{R} \to [0, 1]$ を確率変数 X の**分布関数**といいます。これは「観測値が x 未満である確率」と同義です。

◆ 分布関数の例

閉区間 $[0, 1]$ から無作為に選ばれた実数 x を考えます。このとき観測値 $X(\omega)$ が x 以下である確率は

$$F(x) = P(X < x) = x$$

となります。この分布関数は次に紹介する確率密度関数との関係から、**累積密度関数**と呼ばれることもあります。

確率密度関数

確率変数が身長や体重に代表されるように実現値の集合が連続的な値をとるとき、分布関数 F の導関数 $f = \frac{d}{dx}F$ を**確率密度関数**といいます。確率変数 X が確率密度関数 f を持つことをしばしば「X は f に従う」といい $X \sim f$ と書きます。また、実現値が連続的な値をとる確率分布を**連続型確率分布**といいます。

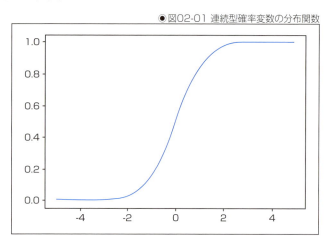

● 図02-01 連続型確率変数の分布関数

●図02-02 連続型確率変数の確率密度関数

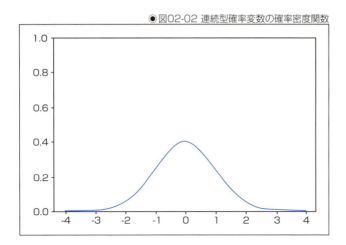

◆ 確率密度関数の例

分布関数の例と同様に、閉区間 $[0, 1]$ から無作為に選ばれた実数 x を考えます。このときこの分布の確率密度関数は下記のように計算できます。

$$f(x) = \frac{d}{dx}F(x) = \frac{d}{dx}x = 1$$

確率関数

サイコロの出目のように実現値の集合が離散的な値をとるとき、事象 $X = k$ の発生確率 $P(X = k)$ を k の関数と見なした $f(k) = P(X = k)$ を**確率関数**といいます。そして連続型の場合と同様に確率変数 X が確率関数 f を持つことをしばしば「 X は f に従う」といい $X \sim f$ と書きます。また、実現値が離散的な値をとる確率分布を**離散型確率分布**といいます。

●図02-03 離散型確率変数の分布関数

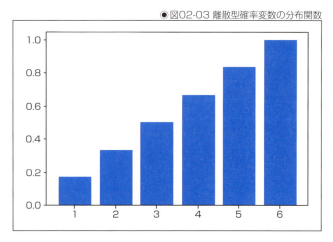

●図02-04 離散型確率変数の確率関数

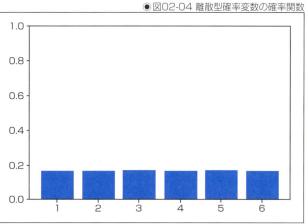

◆確率関数の例

各出目の確率が同様に確からしいサイコロを振り、その出目の整数 $k \in \{1, 2, 3, 4, 5, 6\}$ を観測値とするとき、確率関数は下記のように計算できます。

$$f(k) = P(X = k) = \frac{1}{6}$$

🌐 事象の独立

2つの事象 A, B が次の条件を満たすとき、2つの事象 A と B は**独立**であるといいます。

$$P(A \cap B) = P(A)P(B)$$

◆ 独立事象の例

サイコロを2回投げる実験を考えます。1回目の出目は 1 で2回目の出目は 2 だったとします。このとき、

$$P(X_1 = 1 \cap X_2 = 2) = P(X_1 = 1)P(X_2 = 2) = \frac{1}{36}$$

となり、2つの事象「1回目に1が出る」と「2回目に2が出る」は独立です。

◆ 独立でない事象の例

ある生物を捕獲して体長 x と体重 y を観測します。この体長と体重は互いに影響をあたえると考えられるので2つの事象「体長が x である」と「体重が y である」は独立ではありません。

🌐 確率変数の独立

2つの確率変数 X, Y が、任意の2つの実数 x, y に対して2つの事象 $X < x$ と $Y < y$ が独立となるとき、2つの確率変数 X と Y は**独立**であるといいます。

🌐 期待値

これまで確率分布関数や確率関数を通じて確率変数の分布を定めていました。この確率変数の観測値の性質を表す代表的な値に**期待値**があります。確率変数 X の期待値はしばしば $E[X]$ と表され、連続型、離散型それぞれで下記のように定義されます。

◆ 連続型確率変数の期待値

確率変数 X が連続型で、確率密度関数 f を持つとき、X の期待値 $E[X]$ を下記で定義します。

$$E[X] := \int_{-\infty}^{\infty} x f(x) dx$$

◆ 離散型確率変数の期待値

確率変数 X が離散型で、確率関数 f を持つとき、X の期待値 $E[X]$ を下記で定義します。

$$E[X] := \sum_{i=-\infty}^{\infty} kf(k)$$

◆ 期待値の性質

X, Y を確率変数、c を定数とするとき期待値に関して次のような性質を持ちます。

- $E[c] = c$
- $E[X + c] = E[X] + c$
- $E[cX] = cE[X]$
- $E[X + Y] = E[X] + E[Y]$

🌐 分散

確率変数 X に対して下記で定める $V(X)$ を**分散**といいます。

$$V(X) := E[(X - E[X])^2]$$

これは期待値との2乗誤差の期待値といえるので、大まかには「値の散らばり具合」を意味します。また、この分散の正の平方根 $\sqrt{V(X)}$ は**標準偏差**と呼ばれています

◆ 分散公式

分散に関して次の性質が成り立ちます。

$$\begin{aligned}
V(X) &= E[(X - E[X])^2] \\
&= E[X^2 - 2E[X]X + E[X]^2] \\
&= E[X^2] - 2E[X]E[X] + E[X]^2 \\
&= E[X^2] - E[X]^2
\end{aligned}$$

これを**分散公式**といいます。

⊕ パラメトリックな確率分布

　確率変数が従う分布は確率密度関数や確率関数によって定まりますが、確率密度関数や、確率関数が特定の値によって特徴づけられる確率分布を**パラメトリックな確率分布**といい、この分布を特徴づける値を**母数**といいます。パラメトリックな確率分布の場合は確率密度関数や確率関数 f が母数 θ によって特徴づけられることを明記するために、しばしば次のように記述します。

$$f(x \mid \theta)$$

いくつか確率分布の例を見てみましょう。

◆ 正規分布

　確率変数 X が母平均 μ と母分散 σ^2 によって定まる次のような確率密度関数 f を持つとき、確率変数 X は正規分布 $\mathcal{N}(\mu, \sigma^2)$ に従うといい、このことを記号 $X \sim \mathcal{N}(\mu, \sigma^2)$ で表します。

$$f(x \mid \mu, \sigma^2) = \frac{1}{\sqrt{2\pi\sigma^2}} \exp\left(-\frac{(x-\mu)^2}{2\sigma^2}\right)$$

◆ ベルヌーイ分布

　実現値が 0 または 1 である観測値となる確率変数 X に対して母平均 $p \in [0, 1]$ によって定まる確率関数 f を持つとき、確率変数 X はベルヌーイ分布に従うといい、このことを記号 $X \sim \mathrm{Be}(p)$ と表します。

$$f(x \mid p) = p^x (1-p)^{1-x}$$

これはコイン投げにおいて、面が出るという事象を $X = 1$、裏が出るという事象を $X = 0$ としたときに表が出る確率を $P(X = 1) := p$、裏が出る確率が $P(X = 0) := 1 - p$ とおいたときに現れる確率分布です。

◆ 二項分布

　いま、確率変数列 $X_1, X_2, \ldots, X_n$ が互いに独立で $\mathrm{Be}(p)$ に従うとします。このとき $\sum_i X_i$ が従う確率分布を**二項分布**といい $\mathrm{Bi}(n, p)$ と書きます。また、二項分布の確率関数は次のようになることが知られています。

$$P(X = k) = f(k) = {}_nC_k \, p^k (1-p)^{n-k}$$

ここで、$_nC_k$ は n 個の要素からなる集合から k 個の要素を選び出すときの組み合わせの数を表すとします。

この分布はコインを n 回投げて k 回表が出る回数が従う分布としてよく知られています。

⊕ 尤度

確率変数 X とその観測値 x に対して、$f(x\mid\theta)$ がとる値は観測値 x の得られやすさ、もしくは事象 $X=x$ の発生しやすさといえます。この $f(x\mid\theta)$ を**尤度**といいます。

また、互いに独立で同一分布に従う確率変数列 $X_1, X_2, \ldots, X_n$ とその観測値 $x_1, x_2, \ldots, x_n$ に対して定める $L(\theta)$ を**尤度関数**といいます。

$$L(\theta) := \prod_i f(x_i \mid \theta)$$

これは観測値の列 $x_1, x_2, \ldots, x_n$ の分布 f からの得られやすさといえます。また、尤度関数に対数をとった

$$\log L(\theta) = \sum_i \log f(x_i \mid \theta)$$

を**対数尤度関数**といいます。

⊕ 推定

観測されたデータを根拠にして、パラメトリックな確率分布の母数を見積もることを**推定**といいます。たとえば、歪んだコインを3回投げるという実験を考えます。このコインにおいて表が出る確率 p を実験結果を根拠に見積もることがこの推定にあたります。

推定には大まかに2通りの考え方があります。1つ目は「母数 θ は a である」のようにある1点をもって見積もるという方針で、これを**点推定**といいます。もう1つは「母数 θ は a から b の間にある」のようにある区間をもって見積もるという方針で、これを**区間推定**といいます。どちらも大切な概念ですが、誌面の都合上続く節では点推定について解説し、区間推定については割愛したいと思います。区間推定については参考文献をご参照いただければと思います。

統計量と推定量

互いに独立な確率変数の列 $X_1, X_2, \ldots, X_n$ がすべて同じ確率密度関数もしくは確率関数 f を持つとき、この確率変数列を**互いに独立で同一分布に従う確率変数列**(independently identically distributed random variables)もしくは**i.i.dな確率変数列**といいます。

また、このi.i.dな確率変数列上の関数 $T(X_1, X_2, \ldots, X_n)$ は、確率分布 f の**統計量**といいます。θ を母数に持つ確率分布において、統計量 T が θ を何らかの意味で近似することが期待されるとき、この T を θ の**推定量**といいます。ここでこの統計量は確率変数であることに注意しましょう。

下記で頻繁に用いられる統計量をいくつか紹介します。

◆ 標本平均

下記で定義される $\bar{X}$ を**標本平均**といいます。

$$\bar{X} := \frac{1}{n} \sum_{i=1}^{n} X_i$$

これは母平均の推定量となることが知られています。

◆ 標本分散

下記で定義される S^2 を**標本分散**といいます。

$$S^2 := \frac{1}{n} \sum_{i=1}^{n} (X_i - \bar{X})^2$$

これは母分散の推定量となることが知られています。

◆ 標本不偏分散

いま X_i の母平均を μ、母分散を σ^2 と書くとします。先に紹介した標本分散の期待値 $E[S^2]$ を評価すると $E[S^2] = \frac{n+1}{n}\sigma^2$ となることが知られています。これは n が十分大きな値でないときには標本分散の期待値が母分散と一致しないことを意味しています。そこで次のような統計量 U^2 を考えてみましょう。

$$U^2 := \frac{1}{n-1} \sum_{i=0}^{n} (X_i - \bar{X})^2$$

先の結果より U^2 の期待値 $E[U^2]$ は n によらず常に母分散と等しいことがわかります。この U^2 を**標本不偏分散**といいます。また、本書では詳しく触れませんが、より一般に、この推定量の期待値が母数と一致するという性質を推定量の普遍性といいます。

最尤推定

前節で尤度が、その標本列の得られやすさだということを説明しました。この尤度関数の値を最大にすることを根拠に母数 θ を見積もることを**最尤推定**といいこれは点推定の一種です。

◆ ベルヌーイ分布の最尤推定

いま n 回のコイン投げの実験において $X_1 = x_1, X_2 = x_2, \ldots, X_n = x_n$ なる観測値が得られたとします。このときこの観測値の列が互いに独立でベルヌーイ分布 $\mathrm{Be}(p)$ に従うとすると、その尤度関数は次のようになります。

$$L(p) = \prod_{i=1}^{n} f(x_i \mid p) = p^{\sum_i x_i}(1-p)^{n-\sum_i x_i}$$

また、対数関数の性質より、この尤度を最大にする p と対数尤度関数を最大にする p は一致することから次の対数尤度関数を最大にする p を探せばいいことになります。

$$\log L(p) = f(x_i \mid p) = \left(\sum_i x_i\right) \log p + \left(n - \sum_i x_i\right) \log(1-p)$$

最尤推定値は対数尤度関数の極値であることから次の条件を満たすことがわかります。

$$\frac{d}{dp}L(p) = \left(\sum_i x_i\right)\frac{1}{p} - \left(n - \sum_i x_i\right)\frac{1}{1-p} = 0$$

この方程式より、最尤推定値 $p = \frac{1}{n}\sum_i x_i$ を得ます。$L(0) = L(1) = 0$ となること、また尤度関数が凸であることに注意すればこの $p = \frac{1}{n}\sum_i X_i$ が尤度関数を最大にする、つまり標本平均が母平均の最尤推定量であることがわかります。

検定

統計的な仮説検定の枠組みは、仮説と実験結果を照らし合わせることでその仮説が合理的であるかどうかを判断する基準を与えます。この「合理的である」ことを「**有意**である」といいます。

たとえば、同じコインを 10 回投げ、表が 2 回出たとします。このとき、表が出る確率 p が $\frac{1}{2}$ であるという仮説はどの程度、合理的でしょうか？ 具体的に統計学の言葉でこの実験結果を評価してみましょう。表が出る回数 k を二項分布 $\mathrm{Bi}(10, \frac{1}{2})$ に従うと仮定すると 2 回表が出る確率は次のように評価できます。

$$f\left(2 \,\middle|\, 10, \frac{1}{2}\right) = {}_{10}C_2 \cdot \left(\frac{1}{2}\right)^2 \cdot \left(1 - \frac{1}{2}\right)^{10-2} \simeq 0.043945$$

この確率は、「仮定したモデルのもとでこの実験結果が得られる確率」なので「合理的さ」の指標としてある程度、妥当そうです。そして仮説 $p = \frac{1}{2}$ のもとでは比較的珍しい実験結果といえそうです。

この確率が、$\alpha \in [0, 1]$ に対してある一定水準 $1 - \alpha$ を超えていることを根拠に、与えた仮説が有意であるかどうかを判断することを**検定**といいます。また、閾値として用いた α を**有意水準**といいます。たとえば、この場合有意水準 $\alpha = 0.1$ のもとでは有意とはいえませんが、極端に基準を甘くした $\alpha = 0.99$ のもとでは有意といえます。この有意水準には $\alpha = 0.05$ や $\alpha = 0.01$ が多く用いられています。

また、この「仮説」は多くの場合本当に示したい結果と逆の仮説を立てることがほとんどです。たとえば、ある医薬品が「症状に対して有効であった」ことを示したい場合は「症状に対して影響がなかった」という仮説を立ててこれが統計的に棄却されることを期待します。このことから統計的仮説検定において最初に立てる仮説を**帰無仮説**といい、しばしば $\mathcal{H}_0$ と表し、また帰無仮説と相反する本当に示したい仮説を**対立仮説**といい、しばしば $\mathcal{H}_1$ と書きます。

SECTION-07

本章のまとめ

　この章では、本書の中で用いる最低限の内容に絞って、データや統計・確率論に関する言葉を説明しました。しかしながら基礎的な数学や統計学の習得は、実務を行っていく上でもとても重要な役割を果たすでしょう。近年では統計科学の良著が急速にたくさん出版されるようになりました。寒い冬や寂しい夜はそういった良著の演習問題を解きながら、長夜を明かしてみてはいかがでしょう。穏やかな気持ちになるお勧めの過ごし方です。続く章が読者の皆さまにとって収穫多きものとなることを心より願います。

⊕ 本章の参考文献

[6] 齋藤正彦『微分積分学』, 東京図書, 2006.

[7] 鈴木武・山田作太郎『数理統計学：基礎から学ぶデータ解析』, 内田老鶴圃, 1996.

[8] 東京大学教養学部統計学教室（編）『基礎統計学』, 東京大学出版会, 1991.

CHAPTER 03
計算機上のデータ

>>> 本章の概要

　本章では、計算機システムにおけるデータの表現について、データマイニングで留意しておきたいことを述べます。具体的には、データ型やコードなどのトピックスを挙げます。さらに、データの解釈の仕方に関する情報としてのメタデータに言及します。

　処理系やプログラミング言語に依存しないような説明を心がけましたが、そのために、かえってわかりにくくなっていることもあるかもしれません。多くの処理系や言語で共通するポイントについて書きましたので、ピンとこない方には実際にさまざまな処理系や言語に触れてみた後に読み返していただくと、何かしらの発見が得られるのではないかと思います。

SECTION-08
データの種類とデータ型

　小学校で小数や分数を習う前に「割り切れない割り算」を習いました。たとえば、「7÷3＝2あまり1」といった計算です。そのうち分数を習うのですが、7/3のような、分子が分母より大きい分数（仮分数）は計算問題の正答としては認められず、帯分数で表現しなければならない場合がありました。それぞれ値は同じはずなのですが、「型」が強制されることはままあります。さらに小数を習うと循環小数で表現したり、丸めて近似値で表現するようになります。近似値になるともはや同じ値とも言いがたくなります。

$$7 \div 3 = \underbrace{2...1}_{\text{商と剰余}} = \underbrace{2\frac{1}{3}}_{\text{帯分数}} = \underbrace{\frac{7}{3}}_{\text{仮分数}} = \underbrace{2.\dot{3}}_{\text{循環小数}} \fallingdotseq \underbrace{2.3}_{\text{近似値}}$$

⊕ 1つの値を表現する

　もっとも「値」と一口にいっても難しい問題をはらんでいます。たとえば、「7÷3は1つの値を持つ」という命題は一見すると正しいようですが、答えを「2あまり1」とすると、これは商と剰余の2つの値から成り立っているとも考えられます。仮分数で「7/3」とすると、これは1つの値といえそうですが、2つの整数から成り立っているということもできます。

　実際の計算機システム上で値がどのように表現されるかは、データ型（data type）によって決まります。多くの場合でデータ型はプログラミング言語（言語処理系）に依存し、また、必ずしも1つの値を表現するものであるとも限らないのですが、本書では紙幅の関係でそれぞれの場合を個別に論じることはせずに、データの表現方法を特徴づける概念を挙げて大枠を説明します。

⊕ 値の表現方法を特徴づける概念

　本書では次の3つの着眼点に基づいて値の表現方法について考察します。

- 固定長か可変長か
- 単一的か複合的か
- 精度とダイナミックレンジ

　後ほど具体例を挙げて各論を述べますので、ここでは大まかに説明します。

◆ 固定長か可変長か

1つの値を表すための桁数について、一定である場合と動的に変えられる場合とがあり、前者を**固定長（fixed-length）**、後者を**可変長（variable-length）**といいます。

音楽のジャンルなどで'70sや'80sという書き方がありますが、これは西暦を2桁で表す固定長の表現といえるでしょう（この用法だと10の桁しか使われませんが——ところで2000年になったらどうするのだろうと思っていたら'00sという表現になり、問題は先送りにされました）。

一方、一般には西暦は値に応じて使う桁数を変えます。もちろん基本的には4桁ですが、たとえば遣唐使が廃止された年は「894」と書いて「0894」とは書きません。これは可変長の表現です。

なお、コンピュータの中では2進法の演算が行われるので、2進法での桁数で長さを表します。単位は**ビット（bit）**です。

◆ 単一的か複合的か

本書では1つの値を表すための構成要素の数について、単数であるときを単一的、複数であるときを複合的と呼ぶことにします。

具体例を挙げます。「7」や「3」はいうまでもなく単一的です。「7÷3」を近似値で「2.3」と表現すると、これも単一的といえそうです。一方、1つの値が複数の値からなる場合は複合的です。「7/3」のように分数で表現すれば、これを複合的（分子と分母からなる）と見なします。

◆ 精度とダイナミックレンジ

「精度」は、「値をどれほどきめ細かく表現できるか」を意味します。たとえば、値を整数で表現するデータ型の場合、小数点以下を切り捨ててしまうので精度は±0.5です。

精度が±0.5といっても「10±0.5」と「1000±0.5」とでは意味合いが異なります。この場合の精度±0.5は絶対的というべき量です。一方、表現したい値（それぞれ10と1000）に対する精度は、前者は±5%、後者は±0.05%です。これらは相対的な精度というべきでしょう。

相対的な精度についてはダイナミックレンジの考え方を導入するとよいでしょう。ダイナミックレンジはアナログ信号を取り扱うシステムに共通してある概念です。オーディオ業界でよく使われる用語で、一番強い信号と一番弱い信号の強度の比をいいます。データ型においては、「強度」は絶対値に対応します。「信号」は定義が難しいですが、ここでは「0でない値」としておきます（すなわち「一番弱い信号」とは「0と区別できる一番小さい値」を指します）。

なお、ダイナミックレンジは［一番強い信号の強度］：［一番弱い信号の強度］という比なので、逆数が精度に対応します。

各データ型の特徴

前述のようにデータ型は言語処理系に依存するのですが、ここでは多くの言語処理系で採用されているものを例示します。

◆ 整数型

多くの場合で、整数を表すデータ型は固定長かつ単一的で、桁数は8bit、16bit、32bit、64bitのいずれかです。なお、単にintと書くと32bit、shortと書くと16bit、longと書くと64bitを指すことが多いのですが、場合によるので都度調べたほうがよいでしょう。

基本的に、符号を別にして扱うことはありません。負の値を扱う場合は補数表現（本書では詳細の説明は割愛します）を用います。0および正の整数を表す場合を**符号なし（unsigned）**、補数表現で整数を表す場合を**符号つき（signed）**と呼びます。

整数型の絶対的精度は必ず±0.5です。一方、ダイナミックレンジは桁数に依存します。8bit符号なしの場合、絶対値が最大の値は255です。絶対値が最小の（0でない）値は1なので、ダイナミックレンジは255:1になります。16bit符号なしなら65535:1です。

大小の比ではなく強度の比なので、正負がある場合は絶対値を見ます。8bit符号つきで表せる範囲は-128から127です。この場合、127:1がダイナミックレンジと見なすのがよいでしょう。

なお、処理系によっては可変長のデータ型が実装されています。この場合も絶対的精度は必ず±0.5ですが、ダイナミックレンジは実装に依存します。ドキュメントによっては可変長整数型を「任意精度の整数」と呼んでいることがあります。これは相対的精度について任意であるといっています。

◆ 浮動小数点型

「丸めた実数」を扱うデータ型で、固定長で複合的です。10進法では次のような見慣れた表現があります。

$$-\underbrace{2.5}_{\text{仮数}} \times \underbrace{10^{23}}_{\text{指数}}$$
（符号）

さてここで、「こういうのを複合的というなら、符号つき整数型も符号と絶対値とで複合的ではないか」というご意見が出てくるかもしれません。しかしながら、上述のように整数型では一般には（「符号と絶対値」ではなく）補数表現で単一的に表されています。一方、浮動小数点型は符号部と指数部と仮数部の3つで1つの値を表します。

浮動小数点型の桁数は多くの場合で、32bitか64bitです。

精度とダイナミックレンジについては、整数型ほどわかりやすくはありません。64bit浮動小数点型で取り扱える値は絶対値が最大の値が1.797693e+308、絶対値が最小の値が2.225074e-308となりますが、この2つの値の和や差をとると情報落ちが生じます。

それぞれ1つの値として表現はできるのですが、和や差をとるときは両方を意味がある値として同時には扱えません。実用的にはダイナミックレンジは仮数部のビット数で決まりまして 2^{53} です。なお、浮動小数点型の相対的な精度は特にマシンイプシロン（machine epsilon）と呼ばれています。

なお、特別な場合として、**無限大(Inf: infinity)** と**非数(NaN: not a number)** とが浮動小数点型の値として定義されています。非数は演算結果が未定義である場合に使われます。R言語で計算した下記の例をご覧ください（[1]は配列の添え字を表していて、この例では値が1つしかないので特に意味はありません）。

```
> 1.0 / 0.0 # 極限が返される
[1] Inf
> -1.0 / 0.0 # 負の無限大
[1] -Inf
> 0.0 / 0.0 # これは非数
[1] NaN
> Inf - Inf # これも非数
[1] NaN
> sqrt(-1) # 負数の平方根も浮動小数点型では非数
[1] NaN
> sqrt(-1 + 0i) # 複素数型（後述）なら OK
[1] 0+1i
```

◆ 有理数型

　有理数型は分数で表現され、分子と分母で複合的に表現されます。たとえば、Ruby言語ではRationalクラスとして実装されています。

　一般に、分子と分母についてそれぞれ整数型が採用されます。絶対的精度は「1／［分母の最大値］」、ダイナミックレンジは「［分子の最大値］:1」となります。

　実は有理数型が実装されている処理系は少ないのですが、絶対的精度とダイナミックレンジの関係がわかりやすい例として示しました。

◆ 複素数型

　複素数型は複合的で、RやPythonではcomplex型、RubyではComplexクラスとして実装されています。

　複素数にはデカルト座標系（実部と虚部からなる）での表現と極座標系（絶対値と位相からなる）での表現との2つがありますが、内部的には一般にデカルト座標系で表現されているようです。これはベクトルと同じデータ構造です。実部と虚部とがそれぞれ浮動小数点型で表現されているとすると、複素数型は複合型の複合型といえます。

◆ 文字列型

　多くの言語では「STRING型」が実装されていて、プラス記号を用いて「演算（実際は連結ですが）」できたり、等号を用いて「比較」できたり、果てには型チェックが行われたりするので、データ型と見なしてよい場合が多くあります（なお、C言語などでは1つの文字を表す「文字型」が存在し、文字列は配列で表現されるのですが、本書では説明を割愛します）。

　文字列型も固定長の場合と可変長の場合とがあり、特にデータベース言語では固定長の文字列型が現れることがあります。

◆ 論理型

　多くの場合で、真偽値を表すデータ型が特に用意されていて、論理型（logical type）もしくはブーリアン型（Boolean type）、ブール型（bool type）と呼ばれます。

　なお、特に論理型が用意されていない言語でも、真偽値を評価するという概念はあり、たとえば、C言語では0を偽、それ以外の値を真と見なします。

また、JavaScriptのように、Boolean型があるにもかかわらず、0や空文字列を偽と評価するなど、C言語のように振る舞う言語もあります。

⊕ どのデータ型を選ぶべきか

表したい値がアナログ値なら浮動小数点型が一番良さそうですが、世の中の実装は案外とそうなっていません。

画像データがその最たるものです。多くの場合で、（光の三原色の）RGB（red、green、blue）および透過率であるアルファ値をそれぞれ8bit整数型で表す方式が採用されています。もちろん、このビット数でどんな場合でも十分というわけではなく、その範囲でうまく納まるように撮影時に露光時間やISO感度が調整されたり、ガンマ補正などの非線形変換が施されたりします。もっとも、最近はこれを補うHDR画像（high dynamic range image）があり、浮動小数点型が採用されていたりします。

なお、「天地がひっくり返っても扱う値の範囲が変わらない」というような場合を除き、可変長のほうが圧倒的に便利です。しかし、実装や演算が簡単になるので、多くのデータ型は固定長です。

SECTION-09

リテラル

　前節では「計算機の中」で値がどのように扱われているかを述べました。本節では、人間にとっても可読性がある表現としてのリテラルについて述べます。

◈ リテラルの例

　リテラル(literal)は「文字通り」という意味ですが、計算機科学の文脈では「ソースコードに直に書かれた値」を指します。たとえば、次のように書いた場合の「16」がリテラルです(「a」は変数名で「=」は代入演算子と思ってください)。

```
a = 16
```

　特にリテラルが数値を表す場合は**数値リテラル**と呼びます。

　リテラルは「文字通り」といっても「解釈」されます。処理系によりますが、多くの場合で接頭辞として「0x」をつけると16進表現として解釈されます。一例を示します。

```
a = 0x10
```

　このとき、変数aが整数型だったならば値は(10進表現で)16になります。

◈ リテラルのデータ型

　また、リテラルにもデータ型があります。次のように小数点をつけると、このリテラルは浮動小数点型であることを意味します(やはり処理系によります)。

```
a = 16.0
```

　明示的に精度を示すこともあります。次の例ではfloat型であることを明示的に示しています。

```
a = 16.0f
```

複素数型がある処理系では、虚数を表すリテラルで表現されることもあります。

```
a = 16.0 + 0.0i
```

⊕ nullリテラル

さらに計算機科学では明示的に「何もない状態」を示すことがよくあります。そのために使うリテラルを**nullリテラル(null literal)**といい、たとえば、次のように書きます（なお、nullは「ヌル」もしくは「ナル」と発音されます）。

```
a = null
```

『「何もない状態」と「0」とでは何が違うのか』と思われる向きもあることでしょうが、なまじ0が発明されてしまったばかりに、改めて「何もない状態」を別途、表現しなければならなくなったという因果な話とお思いください。

さらに「何の違いがあるのだ」といいたくなるのですが、欠損値を意味する**N/A(not available)**が使われることもあります。多くの場合でスラッシュは除算を表すので、リテラルはNAとなっています。

なお、nullやNAの本質については後ほど述べますので、ここではリテラルについて言及するに留めます。

⊕ 文字列リテラル

リテラルが文字列を表す場合は文字列リテラルです。シングルクォーテーション(')もしくはダブルクォーテーション(")でくくると文字列として解釈されます。

このとき、シングルクォーテーションもしくはダブルクォーテーションは**区切り文字(delimiter)**と呼ばれる特別な文字です。

⊕ エスケープ文字

文字列リテラルとしてシングルクォーテーションを表したい場合はダブルクォーテーションでくくり、ダブルクォーテーションを表したい場合はシングルクォーテーションでくくれば、多くの場合で問題ありません。しかし、両方を同時に使いたい場合には困ってしまいます。

このようなときに文字そのものを表すために**エスケープ文字(escape character)**という特別な文字が用意されています。多くの場合でバックスラッシュ(\)がエスケープ文字です。エスケープ文字に続く特別な文字は文字そのものとして解釈されます。なお、文字そのものを表すときにエスケープ文字をつけなければならない特別な文字について「エスケープする必要がある」といったりします。もちろんエスケープ文字もエスケープの対象です。

🌐 エスケープシーケンス

普通の文字にエスケープ文字をつけると特別な意味を持つ場合があります。たとえば、改行を表す「\n」が典型例です。

このようにエスケープ文字に連なり、1つの意味を成す一連の文字列をエスケープシーケンスと呼びます。

コンピュータの内部では改行を意味するエスケープシーケンスも文字列の一部として、すなわち1つの文字として扱われます。このような文字を**制御文字(control character)**といいます。

結局のところ、エスケープ文字は次の2つの役割の両方を持つ文字ということになります。

- (ダブルクォーテーションなどの)特別な文字を普通の文字にする
- 普通の文字を(制御文字などの)特別な文字にする

何が「特別な文字」なのかは処理系や文脈によって異なるので、個人的には混乱のもとになっているのではないかと思いますが、歴史的にこうなっているので仕方ありません。

COLUMN 「十分に未来」

　ハインラインの『夏への扉』は数ある古典SFの中でも特に有名な作品です。この作品の冒頭では、家事をこなす万能ロボットや人工冬眠技術が実用化されている近未来が描かれます。その時代設定は1970年です。

　1970年！　いまになってみると遥か過去の時代です。

　もっとも『夏への扉』は1956年の作品ですから、そのころからすれば1970年はそれなりに未来です。また、作者のハインラインは科学考証をきちんとするタイプの作家でした。そんな作家にとって1970年は、万能ロボットや人工冬眠技術が実用化される時代として、当時「十分に未来」だったのでしょう。

　何がいいたいのかといいますと、「このくらい未来のことまで考えれば十分だろう」という見積もりは、まったくもって当てにならないということです。

　個別のエピソードは「640KBの壁」「4GBの壁」「2038年問題」などのキーワードで各々調べていただきたいと思いますが、いずれも将来にわたって十分なつもりで固定長で決めてしまったが故に生じた問題です。

> **COLUMN**
>
> ## 動的と静的
>
> 　新幹線に乗るときに旅程が決まっていて、かつどうしても座りたいときは事前に指定席を予約しておくと安心です。でも乗ってみると指定席はガラガラ、自由席にも余裕があって、何だか損をした気分になることもあります。旅程が特に決まっていないときは、自由席の切符だけ買っておいて、必要に応じて指定席をとったり自由席の空きに賭けてみたりします。こちらのほうが時間や人数の融通が利くのでよい場合もあります。
>
> 　さて、プログラムの実行を旅にたとえると、メモリ領域の確保と座席の確保とは次のように対応づけられます。
>
> - 静的(static)：プログラムの開始時に確保する＝旅の出発時点で確保しておく
> - 動的(dynamic)：プログラムの実行中に確保する＝旅の途中で確保する
>
> 　基本的にデータ型は静的に決まります。特にデータベースでは、カラムのデータ型を後からは変更しないという想定で作られています。
>
> 　一方、プログラミング言語によっては動的に型を決められるものがあります。特にスクリプト言語で顕著です。
>
> 　また、一般にデータ型が動的である場合は実行速度についてオーバーヘッドがありますが、たとえば、Rubyの整数型は固定長のFixnumと可変長のBignumとが動的に切り替わるようになっていて「いいとこ取り」になっています。

SECTION-10
識別子とコード

　前節で見た通り、数値や文字列を表す1つの値にしても、範囲や種類をあらかじめ決めた上でなければ適切に取り扱うことができませんでした。

　個人や物などを取り扱う場合でも同様です。本節ではそのために必要な概念である識別子とコードについて述べます。なお、「扱う範囲」に対応する集合を、下記の説明では「対象の集合」と呼ぶことにします。

◉ 識別子

　識別子(ID: identifier)は、個人や物などの各々について、対象の集合の中で必ず一意になるように付与された値や文字列のことです。

　たとえば、インターネットサービスのユーザー名は典型的な識別子です。インターネットサービスのユーザー登録時に、自分の名前をローマ字にしてユーザー名にしようとしたら「すでに存在するユーザー名です」といったメッセージが現れることはよくあります。やむなく末尾に数字をつけたりしますが、これは対象のサービスのユーザーの集合の中で一意になるようにするためです。

　とはいえ、多くの場合で氏名は対象の集合の中で一意です。データベース上では「氏」と「名」とで別のデータとして扱われていることもありますが、この場合も組み合わせることで氏名と同様の働きをします。しかしながら名前は名付け親が自由につけたもので、「必ず一意になるように付与された」ものではありません。たとえば、同姓同名の転校生が現れたりすると一意でなくなります。このような性質を持つものは準識別子と呼ばれます（準識別子についての詳細は「技術者倫理」の章で述べます）。

◆ コード

　識別子と同様の役割を与えられ、かつ対象の構造と表現とが対応している値や文字列を特に**コード**(code)と呼びます。

　郵便番号がコードの典型的な例です。10進で表現され、上位3桁は原則的に郵便局に対応しており、特に最上位の桁は1始まりで東京から近い地域に割り当てられています。また、2桁目は各地域の中央郵便局に対応しています。すなわち郵便局のヒエラルキーを表現しています。

このように対象の構造と表現とが対応するように設計された規定を**コード体系(code system)**と呼びます。コード体系の例として、郵便番号のほかにEANやJAN、ISBNなどがあります。また、文字についてのコード体系としては、ASCII、ISO-2022-JP、EUC-JP、Shift_JIS、UTF-8、UTF-16などが挙げられます(なお、この場合における「対象の集合」は文字集合と呼ばれ、これとコードとの組み合わせによって計算機上の文字は扱われますが、本書では深掘りしません)。

さらに世間一般で使われていないものでもコードと呼んで差し支えありません。特定の組織内でのみ使われていて、他の組織で通用するとは限らないコードを**インハウスコード(in-house code)**と呼ぶこともあります。製品の型番などが典型です。

◆ エンコーディングとデコーディング

実体をコードに置き換えることを**エンコーディング(encoding)**、逆を**デコーディング(decoding)**といいます。そのための操作を特に指して、それぞれ**エンコード(encode)**、**デコード(decode)**といいます。

テキストファイルは文字がエンコードされた値の羅列です。テキストエディタでテキストファイルを開くと「読める」のは、デコードされた結果が表示されているからです。したがってもとのエンコーディングとの対応が間違っていると「文字化け」が生じます。

エンコーディングが施されたものに対して、さらにエンコーディングを施すことがあります。たとえば、日本語の文字列をURL(uniform resource locator)に含ませたいときです。

```
https://ja.wikipedia.org/wiki/%E3%82%A8%E3%83%B3%E3%82%B3%E3%83%BC%E3%83%89
```

この例では最後のスラッシュ以降がエンコードされています。この方式は「%」がエスケープ文字であることから、パーセントエンコーディングと呼ばれます。

この文字列をデコードすると次のようになります(「文字に対応するコード」と「値に対応するコード」が、それぞれ数値と文字列であることを強調するために、紙面での表現として数値リテラルと文字列リテラルで表現しています)。

●表03-01 エンコーディングの例

	（値で表現されている）	（文字列で表現されている）
エ	0xE382A8	'%E3%82%A8'
ン	0xE383B3	'%E3%83%B3'
コ	0xE382B3	'%E3%82%B3'
ー	0xE383BC	'%E3%83%BC'
ド	0xE38389	'%E3%83%89'

　便宜的に文字ごとに分けていますが、実際には一挙に処理されます。具体的な手順はURL標準（URL Standard）に定められていますので適宜ご参照ください。

　なお、「東京都千代田区外神田」を「101-0021」とするような置き換えをエンコーディングと呼ぶことも可能でしょう。しかしながら計算機科学の用語として一般には、上記のような文字集合に施すものや、（本書では詳細を述べませんが）暗号化やデータ圧縮などの操作を指してエンコーディングといいます。

SECTION-11

データのメタ情報

本節では、**メタ情報**の取り扱い方について述べます。メタ情報を一言でいうなら「データの解釈の仕方に関する情報」です。前半では、HTMLやHTTPを具体例として挙げて、メタ情報の特徴を説明します。後半では、一般的なメタ情報の表現方法を列挙します。

🌐 「メタ」とは何か

「メタ」は「超える」という意味のギリシャ語を由来とする接頭語です。身近な用例として小説などのフィクションにおける「メタ」、すなわち「メタフィクション」が挙げられます。

小説を読んでいると、不遇な人物が登場して、その境遇について「責任者はどこか」といった発言をすることがあります。現実であれば神を恨むところですが、小説では作者が神ですから、このくだりは作者による自己言及的な意味合いを持ちます。

もっと直接に、登場人物が作者を罵り出すこともあります。メタフィクション的な発言――いわゆるメタ発言です。これだけでもフィクションの垣根を越えているのに、さらに「メタ発言はやめろ」と制止する人物が現れることもあります。これはメタメタ発言です。さらにそれに対して……と、メタ発言が再帰的に繰り返される実験的作品もあったりします。

🌐 メタデータの具体例

さて、データにも「メタ」があり、「**メタデータ**」と呼ばれます。

「メタフィクション」にしろ「メタデータ」にしろ、「メタなんとか」は自己言及的であり再帰的であるのが特徴です。具体例を挙げましょう。

◆ HTML文書におけるメタデータ

HTML (hypertext markup language) で記述された文書は次のような構造を持ちます。

```
<html>
  <head>
    <title>文書のタイトル</title>
    ……
  </head>
  <body>
    ……
  </body>
</html>
```

　このときbody要素の中身が正味のデータで、head要素の中身がメタデータです。また、head要素にはさらにmeta要素が含まれていて、たいていのメタデータはここに書かれているのですが、head要素の中身はtitle要素なども含めてすべてメタデータです。
　なお、meta要素の中を見てみると、たとえば、次のように書いてあったりします。

```
<meta http-equiv="Content-Type" content="text/html; charset=utf-8"/>
```

　このファイルはテキスト文書でかつHTMLで書かれており、さらに文字コード体系はUTF-8であることを示しています。
　もっとも、そもそもこのmeta要素がHTML文書の「中」に書いてある時点で、「この文書は日本語で書かれています」と日本語で書いてあるようなもので、一見ナンセンスです。メタデータが自己言及的である由縁です。とはいえ、文字コード体系について書いてあるのは親切で、文字化けしてしまう危険が軽減されることが期待されます。

◆ 入れ子構造

　ところで最近のHTML文書には、ほとんどの場合で1行目にDOCTYPE宣言が書かれています。古い例で恐縮ですが、次のようなものです。

```
<!DOCTYPE HTML PUBLIC "-//W3C//DTD HTML 4.01 Transitional//EN"
"http://www.w3.org/TR/html4/loose.dtd">
```

SECTION-11 ● データのメタ情報

　この文書がHTMLのバージョン4.01で書かれていることなどが示されています。これはHTML文書そのものに対するメタデータで、厳密にいえばこれがないと、この行以降をHTMLとして解釈することができず、したがってhead要素（＝メタデータ）の解釈もできません。このようなデータは「メタデータについてのメタデータ」、すなわち「メタメタデータ」とでも呼ぶべきものです。

　――といったことを言い出すと、「そもそもこれがHTML文書であることをどうやって知るのか」という問題もあります。HTTP（hypertext transfer protocol）による実際の通信時には先立って次のようなデータをやり取りしています。

```
HTTP/1.1 200 OK
～中略～
Content-Type: text/html; charset=UTF-8
```

　通信時に得られたメタデータに基づいてDOCTYPE宣言を解釈した場合、これは『「メタデータについてのメタデータ」についてのメタデータ』に基づいて解釈されていることになります。

◆ メタ情報とメタデータ

　以上のようにメタデータは再帰的な性質を持ちます。とはいえ、「データのメタデータのメタデータの……」と言い出すとキリがないので、「データについての情報」を総じて「メタ情報」と呼ぶのが妥当でしょう。

　一般に「メタデータ」と「メタ情報」の使い分けはあまり厳密ではないようですが、「メタ情報」のほうが広い概念です。本書では、次のように用語を使い分けています。

- メタ情報：データについてのメタな情報全般
- メタデータ：メタ情報の正味のデータ

　なお、業界によってはコンテンツ（映像や音楽など）に付与されている作者やジャンルなどの情報を特にメタデータと呼びます。また図書館では文献に対して同様に付与された情報を書誌情報といいます。コンテンツや文献を一次情報と呼ぶのに対して、それらを探すために付与された情報は二次情報と呼びます。

本書では、メタ情報の再帰的な性質を重視して、考察の対象とするデータからの相対的な関係をもとにメタか否かを呼び分けます。したがって二次情報であっても、それが考察の対象であればメタ情報とは呼ばないことにします。

◆ 知識に基づくメタ情報

　HTMLでの例示を続けます。

　DOCTYPE宣言は多くの場合でHTML4.01が広まる前の古いHTML文書には含まれません。後方互換性のために、モダンなブラウザではDOCTYPE宣言の有無により表示モードが切り替わるようになっています。これには、「DOCTYPE宣言がないということはHTML4.01が普及するより前に作成されたHTML文書なのだろう」という推論が働いています。

　また、HTML5ではDOCTYPE宣言が次のようになります。

```
<!DOCTYPE html>
```

　バージョンなどについての記述がないことで、HTML5であると解釈されます。

　これらの例では「メタデータがないことがメタ情報」となっています。このような「データがないことが情報を持っている」という状況で適切に情報を得るには「知識」が必要になります。

◆ メタデータの誤りや競合

　また、「メタデータが間違っている場合」も往々にしてあります。先ほどのmeta要素についての例示で、「文字コード体系について書いてあるのは親切です」と書きましたが、メタデータが「大きなお世話」になっていることもあります。たとえば、初心者がコピー&ペーストで作ったファイルだと、実際の文字コードとメタデータが示す内容とが食い違っていて、かえって文字化けを誘発してしまうことがあります。

　メタデータ同士の競合も起きえます。前述のHTTPヘッダーで実際と異なる文字コード体系が指定されている場合などです。W3Cに従うならHTTPヘッダーのほうが優先されます。この知識がないとHTTPヘッダーについて意識することはあまりないので、質問サイトに「文字コードの設定が無視されます」というようなトピックが量産されることになります。

このような「何もしてないのに壊れる」とは逆の、「やってるのに何も起きない」というパターンの原因は、たいていはメタデータ同士の競合です。

メタ情報の持ち方

以上のように、データはメタ情報がなければ解釈ができません。また、メタ情報がどのように与えられているのかを知らないと、データが正しく解釈されないときのトラブルシューティングができません。

ここでは、データがファイルとして存在するときのメタ情報の持ち方についていくつか考察します。

◆ ファイルシステムで持つ

ファイルシステムは、そもそもファイルについてのメタ情報を取り扱うためのOSの機能です。ファイルシステムで取り扱われるメタ情報には次のようなものがあります。

- パス（場所）
- ファイル名
- サイズ（バイト数）
- ユーザーID／グループID
- 作成日時／最終更新日時／最終参照日時
- パーミッション（読込／書込／実行権限）

このうち、特にパーミッションはファイルシステムで制御する以外の方法では本質的な実効性がありません。

◆ パスで持つ

「ファイルがどんな名前のディレクトリに置いてあるか」は、言わずもがなの重要なメタ情報です。

基本的には意味がある名前をつけますが、単にユーザーにとって意味があるだけでなく、命名規則を設けることで処理の自動化が容易になります。

また、階層構造を持つこともディレクトリの大きな特徴です。したがって、階層構造を持つメタ情報はパスで持つのがよいでしょう。また、相対パスを用いることで同じ階層構造を持つ別々のデータを扱えるのも利点です。

ただし、ディレクトリ名として利用できない文字が多いことと、基本的に排他的である（まったく同じパスを区別できない）ことが難点です。区別のためにやむを得ず意味がない数字などをつける場合もありますが、基本的には悪手です。

◆ ファイル名で持つ

ファイル名は、basename（基底名）とsuffix（拡張子）とに分けられます。

このうちbasenameについては、意味がある名前をつけることと、命名規則を設けることが望ましいことはパスの場合と同じです。

拡張子は原則的にファイルの種類を表すメタデータです。基本的にはどの種類のファイルにどの拡張子をつけるか、あらかじめ決まっているので、どんな拡張子をつけるか頭を悩ませる必要がないのが利点といえるでしょう。

なお、ファイル名もパスと同様に利用できない文字が多いことと、排他的であることが難点です。

◆ ヘッダーで持つ

データの先頭に記述されたメタデータをヘッダーと呼びます。

CSV/TSVファイルでは、1行目に各カラムのラベルが並べて書かれていることがあります。これは典型的なヘッダーです。

なお、あまり望ましくはないのですが、ヘッダーの行数が決まっていて、かつとりあえずデータが読み込めればいい場合に、ヘッダーを解釈しないで読み飛ばすことはよくあります。

「ファイルの先頭行をいくつか読み飛ばす機能」は、データ処理用のプログラミング言語では多くの場合で実装されているので、望ましくはないといいながらそれなりに市民権を得ている方法です。

また、ファイル形式に応じて最初の数バイトが決まった値になっていて、これによりファイル形式を同定できる場合があります。たとえば、PDFファイルの先頭は"%PDF"(0x25 0x50 0x44 0x46)で始まります。このような役割を果たす値は**マジックナンバー（magic number）**と呼ばれます。

また、Unicode規格が採用されているテキストファイルでは、ヘッダーとしてBOM（byte order mark）が付与されている場合もあります。これは文字エンコーディングを示すメタデータになっています。

◆ メタファイルで持つ

一例として、ENVIフォーマットを挙げます。これはマルチスペクトル画像を扱う際によく採用されるもので、メタ情報を持つヘッダーファイルと、正味のデータを持つデータファイルとの複数のファイルからなります。

基底名が同じファイル群が1セットで扱われます。また、ヘッダーファイルはhdr、データファイルはrawやimg,datなどの拡張子を持ちます。すなわち「どのファイル群が1セットか」というメタ情報と、「それぞれのファイルの種類は何か」というメタ情報とを「ファイル名で持つ」方法との合わせ技になっています。

● 図03-01 ENVIフォーマットのファイルの例

```
基底名 hogehoge で 1 セット { hogehoge.hdr （ヘッダファイル）
                             hogehoge.dat （データファイル）
基底名 fugafuga で 1 セット { fugafuga.hdr （ヘッダファイル）
                             fugafuga.dat （データファイル）
```

◆ 推論を働かせる

前述の「DOCTYPE宣言にバージョンなどについてのメタデータがないことでHTML5であるという推論を働かせる」という例のように、明示的に示されていないメタ情報を推論で得ることも、意外と多くあります。

その最たるものは文字エンコーディングです。多くのWebブラウザには「文字エンコーディングの自動判別」の機能が実装されています。これは、言語に応じた文字の出現頻度をもとに、辻褄が合うものを自動で選択する機能です。明示的なメタ情報に基づくものではないので、往々にして誤判別が生じます。

⊕ 再考：InfやNaNやnullやN/A

これまでの説明で、InfとNaNについては浮動小数点型の節で、nullとN/Aについてはリテラルについての節で、それぞれ述べました。ここまでお読みになった方にはおわかりの通り、これらはいずれもメタ情報というべきものです。

Infは浮動小数点型の値ですが、演算や比較のときに例外的な処理が必要なのでメタ情報を伴っています。NaNも同様に浮動小数点型の値ですが、演算や比較はできず、やはりメタ情報を伴っています。そしてnullやN/Aに至ってはメタ情報そのものです。

また、NaN、null、N/Aについては比較に意味がないので、比較演算子を使っても判定ができません。そのために、たとえば、isnullなどの名前がついた特別な関数が用意されています。

　なお、NaNとN/Aは「該当する値が存在しない」という点においては同じですが、求められる対応が異なります。

- NaNが現れたとき……「計算結果が未定義である」ことを意味しているので、「演算を修正する」という対応が求められている。
- N/Aが現れたとき……「欠損値を参照している」ことを意味しているので、「（必要に応じて）欠損値を補うか参照しない」という対応が求められている。

　また、nullについてはさらにメタな対応が求められています。場合によっては重大なバグがあることを意味していて、参照した時点でプログラムが終了してしまうこともあります。

　もっとも、N/Aもnullで表現する処理系は多いので、一般にはカジュアルに使われています。このような場合は、nullが現れるという状況が致命的なのか否かについて「推論を働かせる」必要があります。

SECTION-12

データと知識とメタ情報

　本節では「データ」と「データについての知識」と「メタ情報」との関係をまとめます。これは知識表現の分野の話題で、本来ならば厳密な論考が必要であるところ、データの解釈において留意すべき点のみを説明するために大胆に簡略化しています。ご了承ください。

🌐 データについての知識に基づく解釈

　「メタ情報の持ち方」の説明で述べた通り、データが何らかの形で計算機上で表現されているとき、形式がどのようなものかを知らなければ解釈ができませんでした。すなわちデータについての知識が必要でした。

　具体例を挙げましょう。下記のような内容のテキストファイルがあるとします（1行目はファイル名です）。

```
data.txt
1,64,52,54,57,83
2,74,81,62,72,81
3,72,56,72,60,67
```

　一見、値が並んでいるだけですが、実はこれは多変量データの説明で例として挙げた成績表データの一部（3件目まで）です。このデータを解釈するために必要な知識は次の通りです。

- 知識α：このテキストファイルはCSVファイルであり各列はそれぞれ「学生番号」「国語」「英語」「数学」「理科」「社会」を示している
- 知識β：このファイルで値は整数の数値リテラルで表現されている
- 知識γ：その他の必要な知識

　なお、「その他の必要な知識」というのは、たとえば「CSVファイルはカンマや改行を区切り文字としてリテラルを列挙したものである」といった「対象についての説明」に加えて、「CSVファイルを解釈するにはまず1行ごとに区切った上でさらにカンマで──」といった「対象を扱う手続き」を含めた知識の諸々を指しています（知識の諸々についてはコラムを参照してください）。

　これらの知識に基づいて解釈すると次のような結果が得られます。

●表03-02 解釈されたデータ

学生番号	国語	英語	数学	理科	社会
1	64	52	54	57	83
2	74	81	62	72	81
3	72	56	72	60	67

　本書のオリジナルな描き方ではありますが、データについての知識に基づいてデータを解釈する様子の模式図を下図に示します。

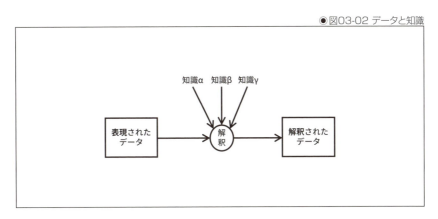

●図03-02 データと知識

　なお、知識α、β、γが具体的にどのように解釈に反映されるかは任意です。プログラムとして実装されていれば、操作者はそれを実行するだけでよいでしょう。表計算ソフトなどで読み込む場合は、操作者が対話的に入力する必要があるかもしれません。

● メタデータとしての知識の付与

　前述の通り、データについての知識はメタ情報によって補うことができます。
　上記のデータにメタ情報を付与してみましょう。ファイル名をdata.csvと改めて、さらに先頭行をカンマ区切りの列名にします。これにより知識αのうちの、『このテキストファイルはCSVファイル』という知識をファイル名で、『各列はそれぞれ「学生番号」「国語」「英語」「数学」「理科」「社会」を示している』という知識をヘッダーで、それぞれ持つことになります。

```
data.csv
学生番号, 国語, 英語, 数学, 理科, 社会
1,64,52,54,57,83
2,74,81,62,72,81
3,72,56,72,60,67
```

● 図03-03 メタデータとしての知識の付与

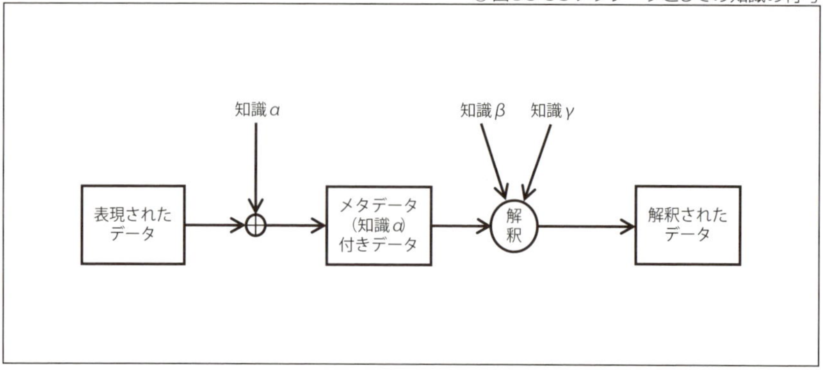

[図: 表現されたデータ →(知識α)→ メタデータ（知識α付きデータ）→ 解釈（知識β、知識γ）→ 解釈されたデータ]

　CSVファイルに「知識α」がメタ情報として付与されているので、データの解釈には「知識β」と「知識γ」を持っていればよいことになりました。

　もっとも厳密には、ファイル名やヘッダーを解釈するための知識が新たに必要になっています。特にこの例では列名が日本語なので、文字エンコーディングについてのメタ情報も必要でしょう。牽強付会かもしれませんが、それらはすべて知識γに含まれているということにしましょう。

推論によるメタ情報の獲得

　さらに推論を働かせてメタ情報を得る場合も考えられます。

　上記のデータではヘッダーを除いた各列のデータがすべて整数の数値リテラルなので、知識β（「このファイルで値は整数の数値リテラルで表現されている」という知識）は推論により得ることが可能です。

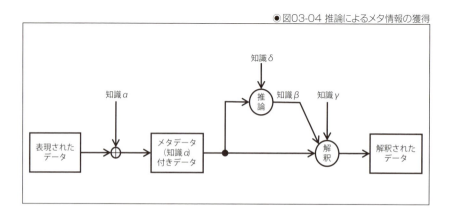

● 図03-04 推論によるメタ情報の獲得

このとき推論を働かせる上で必要な知識（知識δ）を新たに必要とします。手続きが煩雑になっただけのように見えますが、知識βが特定のファイルについての知識である一方、知識δは同様の形式を持つファイルについてすべてに適用可能な知識です。したがって、この手続きのほうがより高い一般性を持ちます。

表計算ソフトやクラウドデータベースなどが持つインポート機能では、このような推論が行われて各列のデータ型がデフォルトとして設定され、概ねそのままで問題なく読み込めます。

もちろん誤判別がありえるので全面的に推論に頼るのは危険ですが、データ読み込みの実装を一から十まですべて自分で行うということは稀なので、むしろ避けがたいという側面もあります。どこかでこのような仕組みが入りうることを念頭に置きながらデータを取り扱う必要があるでしょう。

なお、本節で触れた「データについての知識に基づいてデータを解釈する様子の模式図」の描き方は、「テーブル」の説明でも用います。

COLUMN 知識の分類

知識という用語の定義は分野によって異なりますが、分類の1つに次のようなものがあります。

- 手続き的知識（procedural knowledge）
- 宣言的知識（declarative knowledge）

手続き的知識と宣言的知識はそれぞれ「how」と「what」が対応するといわれています。

本文中で「対象を扱う手続き」としたのは手続き的知識、「対象についての説明」としたのは宣言的知識にそれぞれ対応する——ということもできますが、厳密な対応関係にはありません。本書の説明の範囲では、深入りせずにこれらを総じて「知識」と呼ぶこととします。

SECTION-13

本章のまとめ

　本章では、計算機上でデータを取り扱うにあたって必要になる概念について大枠を述べました。原則的に基本情報技術者試験程度の情報科学の基本的事項をベースにしています。

　なお、前半で述べていることの分野は数値解析などが挙げられますが、ほんの入り口に入るか入らないか程度のことしか本書では触れていません。巷にある多くの本では特定の処理系や言語を例示しながら説明しているようですので、ご自身の環境に合った本を選んで読んでみることをお勧めします。本書の参考文献としては文献[9]を挙げておきます。これは「計算量の見積もり」の章の参考文献としても良著です。

　なお、最後の節で知識や推論という用語を出しました。本書の記述はわかりやすさを目指したものの、ところどころに独自の見解を含んでいるので、ぜひ、きちんとした専門書で学ぶ機会を得ていただきたいと思います。分野はいろいろ考えられますが、たとえば知識工学が挙げられます。これには古典的な人工知能や、エキスパートシステム等が関連しています。学生時代にこれらに関する科目を履修した方は、当時使った教科書を引っ張り出してきていただくのが一番良いでしょう。

⊕ 本章の参考文献

[9] 伊理正夫・藤野和建『数値計算の常識』, 共立出版, 1985.

CHAPTER 04

構造を持つデータ

▶▶▶ 本章の概要

　前章では、主に単一のデータが計算機上でどのように表現されるかについて述べました。本章では、複数のデータが計算機上でどのように格納されるかについて述べます。単に順に並んでいるだけにしろ、入れ子の関係になっているにしろ、複数のデータは何かしらの構造を持っています。ここではまず基本的なデータ構造について述べ、次にデータマイニングでよく使われるデータ構造である連想リストとテーブルについて説明します。なおテーブルについては次章で詳述しますが、本章ではデータ構造としての側面と数式における表現について特に述べます。

SECTION-14

データ構造

　コンビニエンスストアのドリンクの棚で補充作業が行われているのを見るたびに、在庫をバックヤードから入れる方式は大した発明だと感心します。冷蔵ショーケースは商品を冷却する役目もありますから、先に入れて長く置かれていたものが先に出る仕組みは合理的です。

　たいていのものは先に入れたものを先に出すべきですが、先に入れたものが後回しになってしまう場合もあります。買った本を読まずに積んでしまう「積ん読」をしている方は読者の中にもおられると思いますが、たいていの場合、買った順ではなく上のほうから読まれます。

　何事もオペレーションと格納方法とはセットで考えるべきでしょう。冷蔵ショーケースで、前側から商品を補充すると、冷えていないドリンクが先に出てくることになります。積ん読で下のほうから読もうとして無理に引き抜くと本の山が雪崩を起こします。

⊕ アルゴリズム+データ構造

　プログラミングの古典的教科書の1つに『アルゴリズム+データ構造=プログラム』という題がつけられたものがあります[10]。

　アルゴリズム(algorithm)はデータを処理するための一定の手続き(上記の例ではオペレーション)を指し、データ構造(data structure)はデータの集まりをコンピュータの中で効果的に扱うために一定の形式に系統立てて格納するときの形式(上記の例では格納方法)を指します。

　解くべき問題に応じて、アルゴリズムとデータ構造とをセットで考える必要があります。先ほどのドリンクの補充のたとえでは、棚の後側から入れられるようになっていることが重要でした。前側からしか入れられない棚の場合でも、商品をすべて出してから補充すれば同じことですが、非効率的です。

🌐 プログラム

プログラム(program) は、効率はともかく所定のアルゴリズムとデータ構造のもとでコンピュータにとって可読であるように手順が記述されたものです。非効率な方法でもドリンクの補充ができるのと同じように、問題に対して不適切なアルゴリズムやデータ構造を採用してもプログラムは動きますが、適切なものを知っておくことで効率化につながります。

一般にはデータ構造はデータ型よりもさらに抽象化されていて、かつ昨今のプログラミング言語ではライブラリが活用できるので、必ずしも内部でどうなっているかについてまで気にする必要はありませんが、以上の理由により本章では少しだけ内部に踏み込んで説明します。

SECTION-15

配列とリスト

　配列とリストはどちらもデータ構造の基本となるものです。以下、イメージを挙げながらそれぞれについて述べます。

◉ 配列

　配列（array）は、扱うべきデータを1列で順に並べておく場合に使います。ベクトルは配列を用いて格納されるものの典型例です。ライブラリによっては配列のデータ構造がvectorと名付けられている場合もあります。

　たくさんの口がついているテーブルタップをイメージしてください。あらかじめ必要なだけの口があるタップを用意すれば、その分の電気機器をつなげられます。

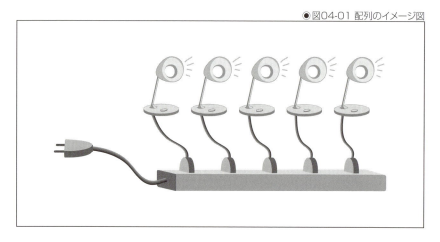

●図04-01 配列のイメージ図

　このたとえでは1つの電気機器が1つのデータに対応します。データ型が揃っている必要はなさそうですが、一般にはデータ型も揃えます。

　配列の長さも多くの場合で固定長です。ライブラリによっては可変長である場合もありますが、テーブルタップで口が足りなくなったら買い直す必要があるように、配列の長さを頻繁に変えるとオーバーヘッドがある場合があります。列に割り込ませる場合も同様です。

　なお、多くのプログラミング言語では、次のように配列の各要素には**添え字（index）**でアクセスできます。

```
v[i]
```

ただし、最初の要素の添え字が0か1かはプログラミング言語に依存しますのでご注意ください。

🌐 リスト

リスト(linear list)は、やはりデータを1列に並べたいときに使いますが、長さや順が動的に変わる場合によく使われます。

2つ口のテーブルタップが大量にある状況をイメージしてください。許容電流などには目をつむると、数珠つなぎにすることで理論的にはいくらでも電気機器をつなげます。

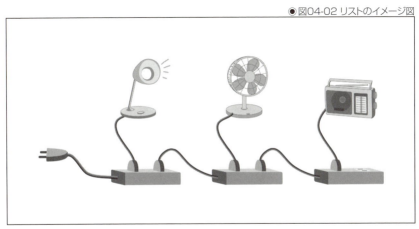

●図04-02 リストのイメージ図

可変長のリストは概ねこのような実装になっていて、長さや順が動的に変わる場合のオーバーヘッドが小さいのが特徴です。また、データ型が揃っていなくても構わない場合もあります。

線形リストの場合も添え字で要素にアクセスできます。

キューとスタック

配列やリストでは、多くの場合で添え字を使わずに先頭や末尾の要素を操作できる手段が用意されています。

●図04-03 要素の操作

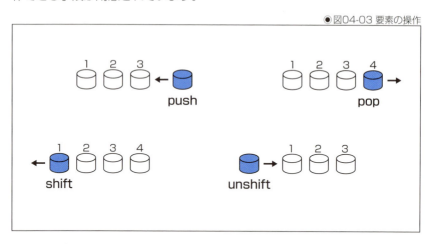

末尾に追加(push)して先頭から取り出す(shift)と、コンビニのたとえでいうところのバックヤードから補充するパターンと同様になります。**先入れ先出し法(FIFO: first in, first out)**といい、このように使われる配列を**キュー(queue)**といいます。

末尾に追加(push)して末尾から取り出す(pop)場合は、**後入れ先出し法(LIFO: last in, first out)**といい、このように使われる配列を**スタック(stack)**といいます。

SECTION-16

多次元配列と入れ子構造

リストや配列を応用したデータ構造として、多次元配列と入れ子構造が挙げられます。

多次元配列

多次元配列は、複数の独立なインデックスを持つ要素からなるデータ構造です。行列が典型例で、行と列が独立なインデックスとして働きます。たとえば、次のようにアクセスできます。

```
A[i][j]
```

多次元配列の実装にはいくつかのパターンがあります。下図に一例を示します。

●図04-04 配列の配列になっている場合

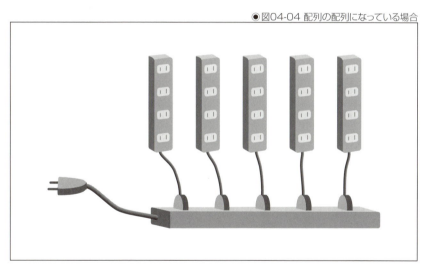

これは「配列の配列」となっているパターンです。インデックス同士が独立であるようにするために、『「同じ長さの配列」の配列』となっているのがポイントです。

● 図04-05 リストのリストになっている場合

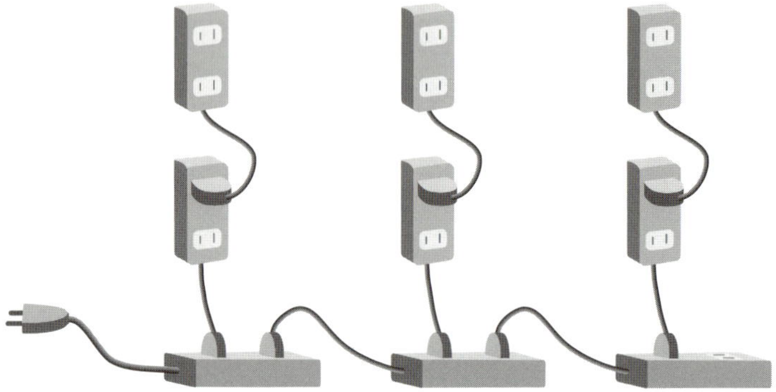

　上図は「リストのリスト」となっているパターンです。これも『「同じ長さのリスト」のリスト』となっているのがポイントです。
　いずれの場合も、「配列の配列の……配列」もしくは「リストのリストの……のリスト」とすることで、何次元配列でも作れます。
　ほかにもパターンは考えられますが、とりあえずのイメージとしては上記のようなもので十分です。

SECTION-16 ● 多次元配列と入れ子構造

⊕ 入れ子構造

リスト構造の応用で**入れ子構造(nesting structure)**を作ることができます。リストの中にリストを入れれば入れ子構造です。

◉ 図04-06 入れ子構造

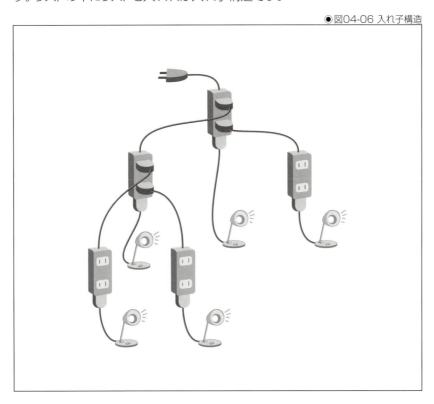

多次元配列も「リストのリストの……のリスト」となっているので、実は入れ子構造の一種です。ただし、多次元配列では各要素が同じデータ型であったり、インデックスが独立であったりする必要がありましたが、単に入れ子構造と呼んだ場合はそのような制約はありません。

SECTION-17
データマイニングでよく使われる構造

前節までで、基本的な要素とその組み合わせからなるデータ構造について述べました。本節ではデータマイニングでよく使われる構造として、連想リストとテーブルを挙げます。

🌐 連想リスト

連想リスト(association list)は、任意の値をインデックスとして使えるデータ構造です。一般には文字列型のデータを使います。

なお、連想リストのインデックスを特にキー(key)と呼びます。さらに値をvalueとして、組をkey-valueと呼ぶことがよくあります。

また、連想リストをハッシュ(hash)と呼ぶこともあります。実装にハッシュテーブルがよく使われるからです。ハッシュテーブルは、ハッシュ関数の値をインデックスとする配列です。ハッシュ関数とは、任意の値について、一定のビット数で表現できる整数への写像になっている関数です。つまり「何でも固定長の整数に変換できる」関数です。

キーにできる値が不定長であるのに対して、ハッシュ関数の値は固定長なので、別々のデータに同じ整数が割り当てられてしまうことがありえますが、そこはさまざまな工夫によりうまいこといくように作られています(本書では詳細は割愛いたします)。

🌐 テーブル

テーブルもデータ構造の1つとして見ることができます。データ構造としてのテーブル(table)は、同じ方法で観測したデータを各列に並べて行ごとにひとまとまりとして扱うものです。一般に列数は固定、行数は不定です。行と列が交換されただけのもの(データを各行に並べて列ごとにひとまとまりとして扱うデータ構造)もテーブルと呼んで構いませんが、ここでは説明を簡潔にするために特に断りがない限り「同じ方法で観測したデータを各列に並べて行ごとにひとまとまり」とします。

テーブルについては行(横の並び)をロウ(row)、列(縦の並び)をカラム(column)、要素をセル(cell)と呼びます。

多次元配列と似ていますが、一般には列ごとにデータ型が違うので少し工夫が必要です。実装として2つの方法が考えられます。1つは、1行をひとまとまりと考えてリストにして、その「リストの配列」で表現するパターンで、**行指向**といいます。もう1つは、1列をひとまとまりと考えて配列にして、その「配列のリスト」で表現するパターンで、**列指向（column-oriented）**もしくは**カラムナー（columnar）**といいます。

◆ 行指向のテーブル

行指向のテーブルは『「各構成要素とそのデータ型が決まっているリスト」の配列』です。

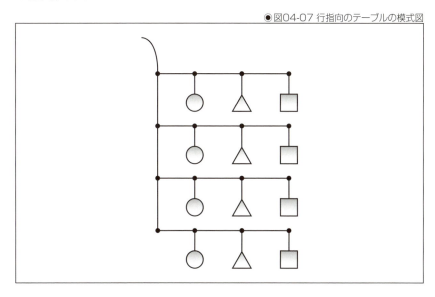

● 図04-07 行指向のテーブルの模式図

行指向だと行単位の操作が容易です。しかし、列の操作をしようとすると各行について要素の操作をする必要があります。

行指向で使うような「構成要素とそのデータ型が決まっているリスト」をC言語由来で**構造体（structure）**と呼ぶこともあります。オブジェクト指向言語におけるクラス（class）もデータ構造に着目すると同様のものになっています。また、このようなデータ構造の要素を特に**メンバー（member）**といい、インデックスではなく名前でアクセスするのが一般的です。

なお、任意の名前で要素にアクセスできるという点では連想リストも同様なので、連想リストは構造体の代わりに使えます。

◆列指向のテーブル

列指向のテーブルは『「各構成要素の配列」のリスト』です。

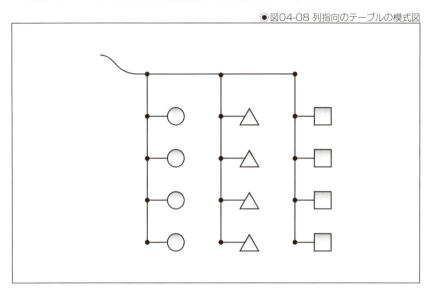

●図04-08 列指向のテーブルの模式図

　列指向の場合、列単位の操作は容易ですが行の操作をしようとすると各列について要素の操作をする必要があります。

　列指向のテーブルは、大規模なテーブルの列方向の集計で威力を発揮します。行指向だと、各行について対象の列の要素を参照する必要がありますが、列指向ならば集計対象のデータがつながっているので一度に処理できます。その代わりに行単位の操作には向きません。したがって基本的には末尾への追加のみで行単位の削除などは行わないデータを格納する方式として使われます。具体的にはアクセスログなどが相当します。

COLUMN 行列のラスタライズ

R言語では関数dimを代入文の「代入先」にすることで、行列の次元を上書きできます。

```
> A
     [,1] [,2] [,3] [,4]
[1,]   1    4    7   10
[2,]   2    5    8   11
[3,]   3    6    9   12
> dim(A) <- c(4, 3)  # 次元を上書き
> A
     [,1] [,2] [,3]
[1,]   1    5    9
[2,]   2    6   10
[3,]   3    7   11
[4,]   4    8   12
```

次元数を変えることもできます。

```
> dim(A) <- c(2, 3, 2)
> A
, , 1

     [,1] [,2] [,3]
[1,]   1    3    5
[2,]   2    4    6

, , 2

     [,1] [,2] [,3]
[1,]   7    9   11
[2,]   8   10   12
```

2×3の行列が2つの状況ですね。

この操作はあくまで次元についてのメタ情報を書き換えているのであって、データを並べ替えているわけではない点に注意が必要です。もともとのデータはいずれにしろ次のように1行に並んでいます。

```
> A[1:12]
 [1]  1  2  3  4  5  6  7  8  9 10 11 12
```

SECTION-18

本章のまとめ

　前章に引き続き、本章では基本情報技術者試験程度の情報科学の基本的事項をベースにした内容を示しました。前章では若干の本書独自の見解を披露してしまいましたが、本章は抑制して、スタンダードな内容をデータマイニングの観点で要約するに留めたつもりです。

　しかしながら、たとえ話に若干の個性が出てしまっているかもしれません。特にテーブルタップを連結するたとえに多少の違和感を覚えた方もおられることでしょう。これは、Lispに独特のconsセルをイメージしたものです。Lispは関数型言語に分類されるプログラミング言語で、古典的な人工知能（前章同様、本書では深入りしません）の研究の文脈で必ず現れる言語です。Lisp言語の入門書としては文献［11］が挙げられます。Lispを学ばないまでも、その派生言語を手がかりに、計算機プログラムについて深く学ぶ道が開けると思います。

◉ 本章の参考文献

[10] Niklaus Wirth（著）・片山卓也（訳）『アルゴリズム ＋ データ構造＝プログラム』, コンピュータ・サイエンス研究書シリーズ;40, 日本コンピュータ協会, 1986.

[11] J.R. アンダーソン他・玉井浩（訳）『これがLISPだ!』, Information&computing;30, サイエンス社, 1989.

CHAPTER 05
テーブル

▶▶▶ 本章の概要

　本章では、データマイニングで特によく扱うデータ構造の1つであるテーブルについて詳述します。もっとも日常生活の上でさえ表と関わらないことはありませんし、表計算ソフトウェアも身近な現在、いまさらテーブルについて改めて知ることなどないように感じられるかもしれません。しかし、案外とさまざまな要素からテーブルは構成されています。

　ここでは、まずテーブルの要件について概観し、さらに「扱いやすいテーブル」について考察します。次にテーブルの操作について説明し、最後に数式における表現について述べます。

SECTION-19

テーブルに関する考察

前章まででデータ構造としてのテーブルについて述べました。「テーブルはデータ構造の一種である」といってしまえばそれまでなのですが、簡単なようで注意点が多くあるので特に章を起こします。

なお、すでにRDBMS(relational database management system)などについての知識をお持ちの方にとっては非常にまどろっこしい説明になっていると思いますが、着地点があってのことですのでご了承ください。

テーブルとは何か

一般にはテーブルという用語はほとんど「表」と同義で使われていますが、データ処理の文脈ではいくつかの要件を満たすものを特にテーブルと呼びます。ここでは具体例を見ながらその要件について考えます。

◆表計算ソフトウェアのシート

表計算ソフトウェアの「シート」は、まさしくテーブルの「風情」を持っていますが、たとえば履歴書の書式のように、行ごとに違うものが入っていたり、列の長さがそれぞれ違っていたりするものはテーブルとは呼びません。

◉図05-01 履歴書の書式(JIS規格のものの一部)

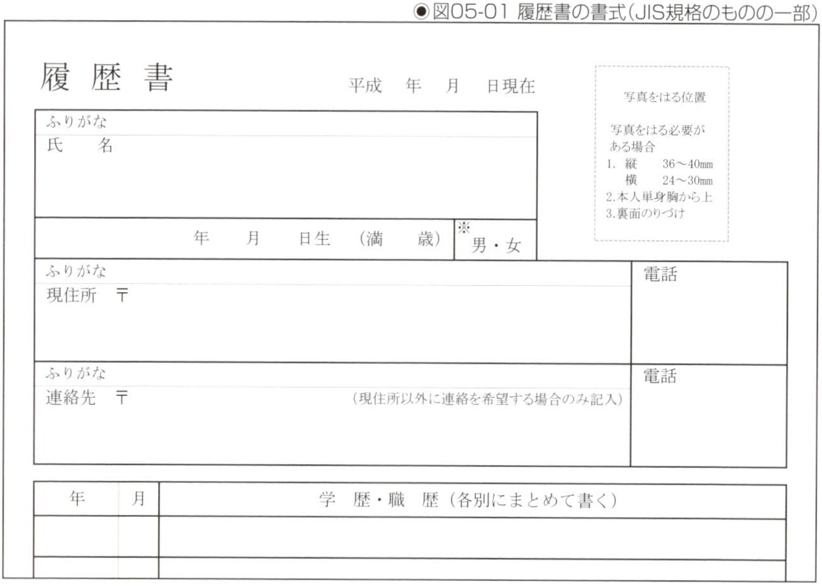
履　歴　書　　平成　年　月　日現在

写真をはる位置

写真をはる必要がある場合
1. 縦　36〜40mm
横　24〜30mm
2.本人単身胸から上
3.裏面のりづけ

ふりがな
氏　名

年　月　日生　(満　歳)　※男・女

ふりがな
現住所　〒
電話

ふりがな
連絡先　〒　(現住所以外に連絡を希望する場合のみ記入)
電話

年	月	学　歴・職　歴 (各別にまとめて書く)

繰り返しになりますが、テーブルはあくまで「データを各列に並べて行ごとにひとまとまりとして扱うデータ構造」です。この履歴書の書式は表計算ソフトウェアで作られたものですが、表計算ソフトウェアで作られたものが必ずしもテーブルになるとは限らないわけです。

◆ セルが連結されたテーブル

統計資料にはよく見られるパターンですが、次の例のように複数の行、もしくは列にまたがって連結されているものも、テーブルと呼ぶのは少々はばかられます。

●図05-02 セルが連結された表（総務省統計局の統計資料から抜粋）

市区町村		人口			世帯数
		総数	男	女	
札幌市	中央区	237,784	107,734	130,050	131,598
	北区	285,432	134,469	150,963	133,522
	東区	262,075	124,655	137,420	124,424
～略～					
江別市		120,677	57,386	63,291	51,932
千歳市		95,664	48,563	47,101	40,614
～略～					

もっとも、この形式は列方向に同じ値が入っている下図のようなテーブルを見やすく書いただけという解釈は可能です。これと同等であればセルが連結された表もテーブルと呼んでも差し支えないでしょう。

●図05-03 同等なテーブル（総務省統計局の統計資料から抜粋）

市	区町村	人口（総数）	人口（男）	人口（女）	世帯数
札幌市	中央区	237,784	107,734	130,050	131,598
札幌市	北区	285,432	134,469	150,963	133,522
札幌市	東区	262,075	124,655	137,420	124,424
～略～					
江別市	NA	120,677	57,386	63,291	51,932
千歳市	NA	95,664	48,563	47,101	40,614
～略～					

なお、江別市と千歳市の「区」の項目の「NA」は"NA"という文字列ではなく、前述したN/Aを表すリテラルです。

◆ 個票データのテーブル

以上の例で示したテーブルは人口や世帯数についての集計データのテーブルでしたが、これはあくまで集計結果ですので、もととなる集計前の1人ひとりのデータがあるはずです。たとえば、次のようなものです。

◉ 図05-04 個票データの例

レコード一連番号	市区町村コード	都道府県	市	区町村	…	世帯一連番号	世帯の種類	世帯人員	世帯員番号	世帯主との続き柄	男女の別	…
1	01001	北海道	札幌市	中央区	…	1	一般世帯	2	1	世帯主	男	…
2	01001	北海道	札幌市	中央区	…	1	一般世帯	2	2	配偶者	女	…
3	01001	北海道	札幌市	中央区	…	2	一般世帯	1	1	世帯主	男	…
4	01002	北海道	札幌市	北区	…	3	一般世帯	3	1	世帯主	男	…
5	01002	北海道	札幌市	北区	…	3	一般世帯	3	2	配偶者	女	…
6	01002	北海道	札幌市	北区	…	3	一般世帯	3	3	子	女	…
〜略〜												

これは国勢調査の調査票をもとに模擬的に作成したものです。なお「〜略〜」は行の省略を、「…」は列の省略を意味しています。調査対象の最小単位のデータを**個票データ（microdata）**といいます。

集計データのテーブルも個票データのテーブルも、どちらもテーブルで表現されますが、それぞれ別のものと考えたほうがよいでしょう。

さて、ここで改めて「テーブルではない例」として最初に挙げた履歴書を見ると、これはテーブルではなくて個票だったということに気づきます。いうなれば「履歴書の束」が「個票データ」であり、各項目を列方向に並べたテーブルを作れば「個票データのテーブル」ということになります。

◆ レコードとフィールド

調査対象の1件を1行とする対応がある場合、そのテーブルの行を**レコード（record）**と呼びます。また、この場合のテーブルの列を**フィールド（field）**と呼びます。

国勢調査では世帯ごとに調査票を集めますが、調査の対象は世帯員1人ひとりです。したがって上記のテーブルでも世帯員ごとに1人分を1件として1行に対応づけています。

「扱いやすい」テーブル

さて「テーブルとは何か」の節では、統計資料でよく見る形をした集計データのテーブルを例に挙げました。このテーブルは市区町村の集合についての集計でした。

●図05-05 市区町村コードつきのテーブル

市区町村コード	市	区町村	人口（総数）	人口（男）	人口（女）	世帯数
01001	札幌市	中央区	237,784	107,734	130,050	131,598
01002	札幌市	北区	285,432	134,469	150,963	133,522
01003	札幌市	東区	262,075	124,655	137,420	124,424
～略～						

1件（1市区町村）について1行の対応があるので、ここでの市区町村コードはこのテーブルのレコードの識別子になっています。

以下、このテーブルに基づいて「扱いやすい」テーブルについて改めて考えます。ここで「扱いやすい」とは、人間にとって「わかりやすい」ことよりむしろ、機械的な操作が容易であることを指します。その上での扱いやすさについての代表的な概念として次の2つが挙げられます。

- データベースの正規化
- 整然データ

データベースの正規化(database normalization) はRDBMSにおける概念で、データの重複や抜け漏れがないようにテーブルを取り扱うためのものです。正規化の程度に応じて、正規化後のテーブルの形を「第1正規形」「第2正規形」「第3正規形」と呼びます。

整然データ(tidy data) はハドリー・ウィッカム(Hadley Wickham)が提唱した概念で、テーブルの構造と意味とを合致させるためのものです[12,13]。そのための要件として「列と変数との対応」「行と観測との対応」「テーブルと観測の類型との対応」が挙げられています。

本書ではこれらの概念に基づいてエッセンスをご紹介します。「データベースの正規化」について「整然データ」についても、詳細は参考文献に譲ることにしまして、下記の説明ではそれぞれの要素との対応関係についてのみ簡単に示します。

◆ 横持ちと縦持ち

「行指向のテーブル」で述べた通り、1つの行(レコード)は構造体や連想リストなどの名前と値の組のデータ構造に対応していました。これはレコード識別子とkey-valueの組で表現できます。

●図05-06 横持ちと縦持ち

市区町村コード	市	区町村	人口（総数）	人口（男）	人口（女）	世帯数
01001	札幌市	中央区	237,784	107,734	130,050	131,598

市区町村コード	key	value
01001	市	札幌市
01001	区町村	中央区
01001	人口（総数）	237,784
01001	人口（男）	107,734
01001	人口（女）	130,050
01001	世帯数	131,598

上図において、点線の矢印は対応関係を示します。このような関係の2つのテーブルについて、フィールドを横に並べたほうを**横持ち**のテーブル、縦に並べたほうを**縦持ち**のテーブルといいます。また、縦持ちのテーブルを横持ちに変換することを**ピボット（pivot）**、横持ちのテーブルを縦持ちに変換することを**アンピボット（unpivot）**と呼びます。

「理屈の上ではこういう変換が可能なのはわかるが、何の意味があるのか」と思われる向きもあることと思いますが、この変換は「同等なテーブル」を考えるときに有用な考え方です。

◆ 列同士の関係を反映したテーブル

テーブルの説明で、列方向には「同じ方法で観測したデータ」を並べると述べましたが、縦持ちのテーブルは「市」「区町村」「人口（総数）」……と、バラバラになっています。「key」と「value」という抽象的な書き方をしたので、かろうじてテーブルの体裁を保っていますが、本来なら同じ列には同じ方法で観測したデータが並んでいるべきです。

横持ちのテーブルは必ずその要件を満たすのですが、逆に同じ方法で観測したデータであるにもかかわらず別の列になってしまう場合があります。もう一度、図05-05のテーブルを見てみると、「人口（総数）」「人口（男）」「人口（女）」は、すべて同じ方法で観測したデータですが別々の列になっています。

また(これは縦持ちでも同様ですが)、「市」および「区町村」は観測対象の集合を表す列である一方、他の列はその集合に対する集計結果になっていたりと、列同士の関係についても統一感がありません。

以下、列方向には同じ方法で観測したデータを並べるという要件を満たしながら、列同士の関係も反映するテーブルを作る方法の一例を挙げます。

◆ 識別子やコードに基づいて分ける

まず、識別子やコードと必ず1対1対応する項目を分けます。図05-05のテーブルでは、「市と区町村のペア」と「市区町村コード」とが必ず1対1対応しているので、ひとまとまりにして分けます。

なお、レコード識別子のカラムを持つとき、key-valueからなる縦持ちのテーブルは上下に自由に分けられます。2つのテーブルは縦に連結すれば元通りなので、もとの1つのテーブルと、2つのテーブルとは同等です(図05-07のAとA')。

さらに、縦持ちのテーブルは同等な横持ちのテーブルに変換できますから、たとえば2つに分けたテーブルの片方を横持ちに変換してもこれらは同等です(図05-07のA'とB)。

●図05-07 同等なテーブル

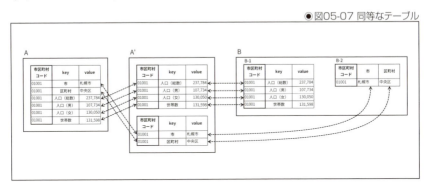

なお、テーブルBの形はデータベースの正規化における第2正規形に対応します。

◆ 測り方に基づいて分ける

次に測り方が異なる項目を分けます。例では、人口と世帯数とは測り方（数え方）が違うので2つに分けます（人口は総数も男も女も人数を数える点は同じなので分けません）。

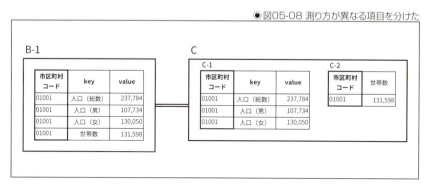

●図05-08 測り方が異なる項目を分けた

この図における二重線は、結ばれたテーブル（の組）同士が相互に変換可能であることを表します。この操作により、整然データの概念におけるテーブルと観測の類型との対応の要件が満たされます。

◆ 知識に基づいて列名や値を編集する

分けた結果のテーブルは測り方が揃ったので、もはやkeyやvalueといった抽象度の高い列名はふさわしくありません。

ここで各keyは対応するvalueが何であるかを示しています。つまり「人口（総数）」という表現は、対応するvalueが「人口」であるということと、集計対象の集合が「総数」であるということとの2つを表しています。

したがってvalueは「人口」という列名がふさわしいでしょう。そしてkeyの列は「集計対象の集合が何であるか」を表せばよいので、それぞれのセルの値を「総数」「男」「女」と改めます。

●図05-09 列名や値を編集

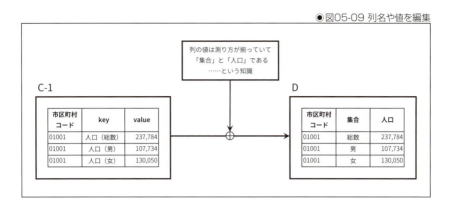

　この操作により、整然データの概念における「列と変数との対応」の要件が満たされます。

　なお、上図の矢印と記号は、「計算機上のデータ」で示した「メタデータとしての知識の付与」の模式図に準拠します。この操作によってヘッダー（メタデータ）として知識が付与されているので、このような書き方ができます。

◆ 知識に基づいて行を整理する

　ここまででもほとんど十分なのですが、最後に集計対象の集合同士の関係について考えます。

　「総数」「男」「女」の3つが集計対象ですが、このうち「総数」は全体集合で、「男」と「女」はいずれも「総数」の部分集合です。このような場合は全体集合についてだけ分けたテーブルにすると、たとえば『「男」と「女」のそれぞれの割合を計算する』などの処理が簡単になります。

●図05-10 知識に基づく行の整理

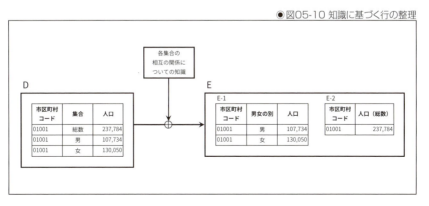

「総数」については、いったん分けた後に横持ちに直して、カラム名を「人口（総数）」に戻している点にご注意ください。

なお、この統計においては「総数」は「男」と「女」の和として計算できますが、「未回答」などを含む場合はその限りではありません。また、複数回答を許すアンケートの結果などの場合は、和を計算すると延べ数になってしまい、割合を計算するときの分母には使えない値になってしまいます。このあたりの「知識」を、データを解釈するときに発揮するのもよいですが、データそのものに付与するための工夫を考えることも必要です。さまざまな方法が考えられますので、読者各位で調べてみてください。

◆ 最終的な形

「扱いやすいテーブル」を目指してここまで変形を繰り返してきました。以上の変形を施した図05-05のテーブルを下図に示します。

● 図05-11 最終的な形

市区町村コード	市	区町村
01001	札幌市	中央区
01002	札幌市	北区
01003	札幌市	東区
～略～		

市区町村コード	世帯数
01001	131,598
01002	133,522
01003	124,424
～略～	

市区町村コード	男女の別	人口
01001	男	107,734
01001	女	130,050
01002	男	134,469
01002	女	150,963
01003	男	124,655
01003	女	137,420
～略～		

なお、これはデータベースの正規化における第3正規形に対応します。

さて、これが「最終的な形」とはいうものの、ここまではすべて「等価なテーブル」となるような変形を繰り返しただけですので、どの段階のテーブルでも基本的には同じデータです。

また、どれが一番適切であるかもケースバイケースです。「構造を持つデータ」の章で述べたように適切なデータ構造はアルゴリズムによります。したがって実用上ですべてのテーブルがこの形になっている必要はありません。しかしながら、上述のような操作で「最終的な形」に変形できない場合、当座はうまくいっていても何かしらの不具合が潜んでいる可能性があります。これは技術的負債の一因にもなるので、意識しながらテーブルを扱う必要があるでしょう（技術的負債については「エンジニア的財務会計」の章でも触れます）。

◆ 複数のテーブルをまとめる

ところで、ここまでの説明で使っていた集計テーブルの大もとのテーブルは2015年に行われた国勢調査の結果です。

2015年に限らず、国勢調査が行われた各年および各都道府県について同様の形の集計テーブルがあります。それらをすべて合わせた集計テーブルを作る場合、「都道府県」と「年」の情報を追加しなければなりません。

「都道府県」については、市区町村コードとの対応があるので市区町村テーブルに「都道府県」の列を増やせばよいでしょう。「年」については、調査が行われた年を示すために人口テーブルと世帯数テーブルに「年」の列をそれぞれ増やせばよいでしょう。

● 図05-12 修正案

市区町村テーブル

市区町村コード	都道府県	市	区町村
01001	北海道	札幌市	中央区
01002	北海道	札幌市	北区
01003	北海道	札幌市	東区
～略～			

世帯数テーブル

市区町村コード	年	世帯数
01001	2015	131,598
01002	2015	133,522
01003	2015	124,424
～略～		

人口テーブル

市区町村コード	年	男女の別	人口
01001	2015	男	107,734
01001	2015	女	130,050
01002	2015	男	134,469
01002	2015	女	150,963
01003	2015	男	124,655
01003	2015	女	137,420
～略～			

◆ 属性を追加する

横持ちのテーブル（市区町村テーブルと世帯数テーブル）については、この追加による問題は特にありません。しかし、縦持ちのテーブル（人口テーブル）については、うかつに列を加えると横持ちに変換できなくなってしまいます。

このような場合は各列に対応する集合の直積集合を使って、改めて縦持ちのテーブルを作ります。この例では「男女の別」の集合と「年度」の集合の直積集合の列を改めて作ります。これで横持ちに変換できるテーブルになります。

SECTION-19 ● テーブルに関する考察

◉ 図05-13 横持ち変換できるテーブル

市区町村 コード	集合	人口
01001	(2015, 男)	107,734
01001	(2015, 女)	130,050
〜略〜		

⇔

市区町村 コード	人口 (2015, 男)	人口 (2015, 女)
01001	107,734	130,050
〜略〜		

　図05-13の例は各年について各男女の別の集計が必要な場合でしたが、加えて各世代の集計が必要な場合もあります。すなわち、「年」「男女の別」「世代」の3つの集合の直積集合を考えて、それぞれ集計する必要がある場合はよくあります。このように2つ以上の集合の直積集合（の要素）をカラムにするべき横持ちテーブルは、各集合をそれぞれカラムにした縦持ちテーブルと相互に変換できます。

SECTION-20

テーブルの操作

　多くの場合で、テーブルの操作にはSQLを用います。ここでは、上記で示したテーブルの操作をSQLで行う方法について概説します。SQLの学習を目的とした説明ではありませんが、SQLに馴染みがない方でも読めるように配慮しております。

🌐 SQL

　SQLはプログラミング言語の一種で、もともとは**RDBMS(relational database management system)** のために作られた**ドメイン固有言語(DSL: domain-specific language)** です。

　SQLには「方言」が多くあるものの、共通する概念は存在します。また、標準化規格も存在します。しかし、その詳細については他の参考書をご参照いただくこととして、本書では前項までで述べたテーブルの操作に必要な概念についてのみ述べます。網羅はしませんのでご容赦ください。

　なお、本書のSQLのコードではコメントアウト記号として「--」を使います。この文字列以降はコメントとして無視されます。

🌐 テーブルからテーブルを作る

　前節で述べたテーブルの操作は、すべて「テーブルからテーブルを作る」操作でした。具体的には次の通りです。

- 列の選択および生成
- 行の絞り込み
- グループの集計
- 2つ以上のテーブルの連結

　これらの操作はすべて**SELECT文**で行えます。以下、本書の内容を理解するにあたって他の参考書を見る必要はない最小限度にまでトピックスを絞って、例を挙げながらそれぞれの操作について述べます。

◆列の選択および生成

　SELECT文は、SELECT句とFROM句からなるのが最低限の構成です。SELECT句の直後で列名を列挙してFROM句の直後でテーブル名を指定します。なお、すべての列を対象とする場合は列名にワイルドカードが使えます（——が、推奨されません）。さらに列を生成することもできます。関数の値や演算結果で新しい列を作るほかに、定数からなる列を作ることもできます。改めて列名をつけるには **AS** を使います。

　データベースにおいて一度に処理される指示をクエリと呼びます。下記に、「市区町村コードつきのテーブル」を出力するクエリと、これをもとに図05-12の「市区町村テーブル」を出力するクエリの例を示します（なお、「>」はプロンプトです）。

```
> SELECT
    *
  FROM
    市区町村コードつきのテーブル
  LIMIT 3;
+-----------+------+------+--------+------+------+------+
|市区町村コード| 市  |区町村|人口（総数）|人口（男）|人口（女）|世帯数|
+-----------+------+------+--------+------+------+------+
|01101      |札幌市|中央区|  237784| 107734|130050|131598|
|01102      |札幌市|北区  |  285432| 134469|150963|133522|
|01103      |札幌市|東区  |  262075| 124655|137420|124424|
+-----------+------+------+--------+------+------+------+
```

　SELECTなどのトークンは小文字でselectとしても構いません。改行やインデントも自由です。LIMIT句をクエリの最後に入れると出力行数を制限できます。末尾のセミコロン(;)は1つのクエリの終了を意味します。

```
> SELECT
    市区町村コード, '北海道' AS 都道府県, 市, 区町村
  FROM
    市区町村コードつきのテーブル
  LIMIT 3;
+-----------+--------+------+------+
|市区町村コード|都道府県| 市  |区町村|
+-----------+--------+------+------+
|01101      |北海道  |札幌市|中央区|
|01102      |北海道  |札幌市|北区  |
|01103      |北海道  |札幌市|東区  |
+-----------+--------+------+------+
```

後者の例では列の選択に合わせて、文字列リテラル「'北海道'」を使って列を生成している点に注目してください。

◆ 行の絞り込みと条件式

行を絞り込むには**WHERE句**を使って条件式を指定します。条件式に使える比較演算子(「＜」や「＞」など)や論理演算子(「AND」や「OR」など)は概ね他の言語と同様です。ただし、「＝」は代入ではなく同値を意味します。ほかにもLIKEなどのSQLに独特の演算子がありますが、本書では詳述しませんので適宜、他の文献をご参照ください。

なお、すべての行を対象にする場合はWHERE句自体を省略できます。前述の例はWHERE句の省略によりすべての行が出力されています(LIMIT句により制限されていますが)。下記は図05-06の縦持ちテーブルについて市と区町村の行を取り出す例です。

```
> SELECT
    市区町村コード, key, value
  FROM
    縦持ちテーブル
  WHERE
    市区町村コード = '01101' AND (key = '市' OR key = '区町村');
```

いまさらですが、この例では市区町村コードは整数型ではありません。頭に「'0'」があるのでやむを得ず文字列型にしています。したがって文字列リテラルを使って比較しています。

◆ 集計値や代表値

グループに対する集計値や代表値を得るには**GROUP BY句**と集計関数とを合わせて使います。GROUP BY句で列を指定すると、その列で同じ値を持つ行を1つのグループとしてまとめます。すべての行を対象にする場合はGROUP BY句自体を省略できます。

下記は図05-11の人口テーブルをもとに、市町村ごとに人口の総数を計算する例です。

```
> SELECT
    市区町村コード, SUM(人口) AS 人口 (総数)
  FROM
    人口テーブル
```

```
    GROUP BY
      市区町村コード
    LIMIT 3;
+--------------+-----------+
|市区町村コード|人口（総数）|
+--------------+-----------+
|01101         |    237784 |
|01102         |    285432 |
|01103         |    262075 |
+--------------+-----------+
```

　手続き型言語ではループや分岐を駆使して書く必要があるところ、このように書けるのは宣言型言語（107ページのコラム参照）の本領発揮といえます。また、人口の総数を「人口（男）＋人口（女）」ではなく、「SUM(人口)」と書けるのは縦持ちにしておいたことの恩恵です。

◆結合

　テーブルを結合するにはJOIN句を使います。結合の典型的な例は、市区町村コードしか入っていないテーブルの各行に市区町村テーブルをもとにして「市」と「区町村」の列を加える処理です。下記にクエリの例を示します。

```
> SELECT
    市区町村テーブル.市区町村コード, 市区町村テーブル.市, 市区町村テーブル.区町村,
    人口テーブル.男女の別, 人口テーブル.人口
  FROM
    人口テーブル
  JOIN
    市区町村テーブル
  ON
    人口テーブル.市区町村コード = 人口テーブル.市区町村コード
  LIMIT 6;
+--------------+------+------+--------+------+
|市区町村コード| 市   |区町村|男女の別| 人口 |
+--------------+------+------+--------+------+
|01101         |札幌市|中央区|男      |107734|
|01101         |札幌市|中央区|女      |130050|
|01102         |札幌市|北区  |男      |134469|
|01102         |札幌市|北区  |女      |150963|
|01103         |札幌市|東区  |男      |124655|
|01103         |札幌市|東区  |女      |137420|
+--------------+------+------+--------+------+
```

まず、FROM句とJOIN句に注目してください。ここで結合したい2つのテーブルを指定しています。次にON句に注目してください。ここで結合条件を指定しています。この例では市区町村コードが一致する行を対応づけています。

結合条件に合う行が1対1対応している必要はないのがポイントです。いずれにしろ各テーブルで条件を満たす行の積集合が作られて、新しいテーブルの行になります。上記の例では市区町村コードのそれぞれについて対応する行が、市区町村テーブルには1行、人口テーブルには2行あります。これらの積集合のサイズが2なので、市区町村コードのそれぞれについて行が2行生成されます。

意図に反して多対多対応してしまうような条件を書いてしまうと、大変なことになりますので注意しましょう。上記の例のように、コードや識別子を使って紐づけることにして、せいぜい1対多対応に留まるようにするのが無難です。

なお、本書では説明を割愛しますが、結合には内部結合や外部結合などの種類があり、ここで述べたのは内部結合です。多くの場合で、単にJOINと書くと内部結合になりますが、曖昧になってしまう場合があるのでご注意ください。

🌐 サブクエリとWITH句

集計結果についても同様に市と区町村を追加してみましょう。このような場合はクエリの入れ子構造を作ります。SELECT文の出力はテーブルですから、FROM句やJOIN句などのテーブルを指定する箇所で使えます。

```
> SELECT
    p.市区町村コード, 市区町村テーブル.市, 市区町村テーブル.区町村, p.人口（総数）
  FROM (
    SELECT -- ここから〜
      市区町村コード, SUM(人口) AS 人口（総数）
    FROM
      人口テーブル
    GROUP BY
      市区町村コード
    LIMIT 3 -- 〜ここまでがサブクエリ
  ) AS p
  JOIN
    市区町村テーブル
  ON
    p.市区町村コード = 市区町村テーブル.市区町村コード;
+--------------+------------+
|市区町村コード|人口（総数）|
```

```
+--------------+-----------+
|01101         |    237784|
|01102         |    285432|
|01103         |    262075|
+--------------+-----------+
```

　FROM句の後ろの、丸カッコでくくられたSELECT文が入れ子になったクエリです。これをサブクエリと呼びます。サブクエリで生成されるテーブルは**別名(alias)**を使って参照します。この例ではpという別名をつけてON句やSELECT句の列選択で参照しています。

　サブクエリにはWITH句を使うパターンもあります。ASの前が列名になりますのでご注意ください。

```
> WITH p AS (
    SELECT -- ここから～
      市区町村コード, SUM(人口) AS 人口（総数）
    FROM
      人口テーブル
    GROUP BY
      市区町村コード
    LIMIT 3 ～ここまでがサブクエリ
  )
  SELECT
    p.市区町村コード, c.市, c.区町村, p.人口（総数）
  FROM
    p
  JOIN
    市区町村テーブル AS c
  ON
    p.市区町村コード = c.市区町村コード;
```

　このクエリのJOIN句でさりげなく使っていますが、テーブル名の後ろに続けて名前を書くことで、実はテーブルにも別名をつけられます。これにより結合の説明で挙げたクエリの例はもっと簡潔に書けます。

```
> SELECT
    p.市区町村コード, c.市, c.区町村, p.男女の別, p.人口
  FROM
    人口テーブル p
  JOIN
```

```
    区町村テーブル c
ON
  p.市区町村コード = c.市区町村コード;
```

ピボット

　以上で述べた方法の集大成として、ピボットおよびアンピボットをする手段について述べます。使っている環境でピボットやアンピボットのコマンドが用意されている場合はそれを使うのがよいのですが、用意されていない場合は案外とトリッキーな手順が必要です。

　まずはピボットの方法です。ここではあくまで一例として、人口テーブルをピボットするクエリを示します。

```
> WITH t AS (
    SELECT
      市区町村コード,
      [
        STRUCT('男' AS key, 人口（男） AS value),
        STRUCT('女' AS key, 人口（女） AS value)
      ] AS s
    FROM 人口テーブル
    LIMIT 3
)
SELECT
  市区町村コード, keyvalue.key AS 男女の別, keyvalue.value AS 人口
FROM
  t
JOIN
  UNNEST (s) AS keyvalue;
  +--------------+--------+------+
  |市区町村コード|男女の別| 人口 |
  +--------------+--------+------+
  |01101         |男      |107734|
  |01101         |女      |130050|
  |01102         |男      |134469|
  |01102         |女      |150963|
  |01103         |男      |124655|
  |01103         |女      |137420|
  +--------------+--------+------+
```

　ポイントは2つあります。1つはサブクエリで「構造体の配列」を作っている点です。上記のサブクエリの結果は次のようになっています（丸カッコは構造体を、中カッコは配列を意味しています）。

```
+-------------+-------------------------------+
|市区町村コード|            s                  |
+-------------+-------------------------------+
|01101        |[('男', 107734), ('女', 130050)]|
|01102        |[('男', 134469), ('女', 150963)]|
|01103        |[('男', 124655), ('女', 137420)]|
+-------------+-------------------------------+
```

　もう1つのポイントはUNNEST関数により配列を集合に変換している点です。サブクエリの結果であるテーブルtの各行と、変換後の集合(サイズ2)とをJOINすると、それらの積集合が作られて新しいテーブルの行になります。結果として、縦持ちテーブルの形(各市区町村コードについて男と女の2行ずつある)になります。

● アンピボット

　次に人口テーブルをアンピボットする例を示します。

```
> WITH t (
    SELECT
      市区町村コード,
      CASE WHEN 男女の別 = '男' THEN 人口 ELSE null END AS 人口（男），
      CASE WHEN 男女の別 = '女' THEN 人口 ELSE null END AS 人口（女）
    FROM
      人口テーブル
    LIMIT 6
  )

  SELECT
    市区町村コード,
  FROM
    t
  GROUP BY 市区町村コード;
+-------------+---------+---------+
|市区町村コード|人口（男）|人口（女）|
+-------------+---------+---------+
|01101        |   107734|   130050|
|01102        |   134469|   150963|
|01103        |   124655|   137420|
+-------------+---------+---------+
```

　条件に応じて値が決める必要があるので、このクエリの中ではCASE式を次の構文で使っています。

```
CASE WHEN [条件式] THEN [真のときの値] ELSE [偽のときの値] END
```

　上記のクエリでの使い方では、「人口(男)」の列には「男女の別」が「男」の場合のみ、「人口(女)」の列には「男女の別」が「女」の場合のみ値が入り、ほかはnullとなるような式になっています。したがって上記のクエリのサブクエリの結果は次のようになります。

```
+--------------+---------+---------+
|市区町村コード|人口(男) |人口(女) |
+--------------+---------+---------+
|01101         |  107734 |null     |
|01101         |null     |  130050 |
|01102         |  134469 |null     |
|01102         |null     |  150963 |
|01103         |  124655 |null     |
|01103         |null     |  137420 |
+--------------+---------+---------+
```

　市区町村コードでグルーピングして関数maxを使うと、各グループの各列についてnullでない値のみが採用されて、横持ちのテーブルの形になります。本来の関数maxの使い方ではないように感じられますが、集計関数がnullを対象外とすることを利用した方法の1つで、一般的に用いられているようです。

COLUMN プログラミング言語の分類と知識の分類

プログラミング言語を次の2種類に大別する分類があります。
- 手続き型言語(procedural language)
- 宣言型言語(declarative language)

これには知識の分類(手続き的知識と宣言的知識)との対応関係があります。プログラミング言語を「知識を表現するもの」として見たときに生まれる分類方法と考えられるでしょう。
　SQLは宣言型言語に分類されています。手続き型言語によくあるループなどの概念がない点にご留意ください。条件文も、処理の分岐を表すのではなく場合分けを表します。

SECTION-21
テーブルと行列

多変量データを横持ちのテーブルで表し、さらに定式化や計算のために行列で表現することはよくあります。本節では、テーブルがどのように数式で表現されるかについて考えます。

多変量データのテーブル

サンプルサイズが n で、それぞれに m 個のデータ（変量）がある場合を考えましょう。すなわち次のようなテーブルに値が入っている場合です。

●図05-14 多変量データのテーブル

	x_1	x_2	$\cdots$	x_m
	$x_1(1)$	$x_2(1)$	$\cdots$	$x_m(1)$
	$x_1(2)$	$x_2(2)$	$\cdots$	$x_m(2)$
	$\vdots$	$\vdots$	$\ddots$	$\vdots$
	$x_1(n)$	$x_2(n)$	$\cdots$	$x_m(n)$

なお、各変量の値を区別するために、一連番号をカッコでくくって付与しています。

本書で採用する行列での表現

まず1行分のデータを m 次元ベクトルで表現することにします。

$$\boldsymbol{x}_i = \begin{pmatrix} x_1(i) \\ x_2(i) \\ \vdots \\ x_k(i) \\ \vdots \\ x_m(i) \end{pmatrix}$$

多くの教科書ではベクトルといえば列ベクトルです。ベクトルの要素の添え字は普通は i ですが、この場合は k になります。

そして複数の行を持つ1つのテーブルを、複数の列ベクトルからなる1つの行列として、次のように表現します。

$$X_{m \times n} = \begin{pmatrix} \boxed{x_1} & \boxed{x_2} & \cdots & \boxed{x_i} & \cdots & \boxed{x_n} \end{pmatrix}$$

$$= \begin{pmatrix} x_1(1) & x_1(2) & \cdots & x_1(i) & \cdots & x_1(n) \\ x_2(1) & x_2(2) & \cdots & x_2(i) & \cdots & x_2(n) \\ \vdots & \vdots & \ddots & \vdots & \ddots & \vdots \\ x_k(1) & x_k(2) & \cdots & x_k(i) & \cdots & x_k(n) \\ \vdots & \vdots & \ddots & \vdots & \ddots & \vdots \\ x_m(1) & x_m(2) & \cdots & x_m(i) & \cdots & x_m(n) \end{pmatrix}$$

枠はテーブルの1行分をわかりやすく示すために便宜的につけたものであることにご注意ください。

結局のところ本書における多変量の表現はテーブルでの配置を転置した行列になります。

なお、特にテーブルとしての構造を保つ必要がないときは集合で表現する場合もあります。本書でも時系列解析の章ではひとまとまりのデータを集合で表現しています。

🌐 2種類の表現の比較

列との対応と行との対応、それぞれの表現を比較してみましょう。次のような線形結合の式で表現できるデータのテーブルを考えます。

$$y = a_1 x_1 + a_2 x_2 + \cdots + a_m x_m$$

なお、a_k は各変量の係数です。まとめて $\boldsymbol{a} = (a_1, a_2, \ldots, a_m)^\top$ と、列ベクトルで表現することにします。

◆ テーブルの行を列ベクトルと対応づける

まず、1行を列ベクトルと対応づける流儀（本書で採用する表現方法）では、次のようになります。

$$\underset{1\times n}{Y} = \begin{pmatrix} y(1) \\ y(2) \\ \vdots \\ y(n) \end{pmatrix}^\top = \begin{pmatrix} y(1) & y(2) & \cdots & y(n) \end{pmatrix}$$

$$\underset{m\times 1}{\boldsymbol{x}_i} = (x_1(i), x_2(i), \ldots, x_m(i))^\top = \begin{pmatrix} x_1(i) \\ x_2(i) \\ \vdots \\ x_m(i) \end{pmatrix}$$

$$\underset{m\times n}{X} = \begin{pmatrix} \boldsymbol{x}_1 & \boldsymbol{x}_2 & \cdots & \boldsymbol{x}_n \end{pmatrix}$$

このとき、y と x_k との関係を表す式は次のようになります。

$$Y = \boldsymbol{a}^\top X$$

データの並び方は少しややこしいですが、「係数が前から掛かる」という意味では数式としては自然に見えます。

COLUMN テーブルの列を列ベクトルと対応づける場合

　テーブルの行と列と、行列での行と列とは、合わせたほうがわかりやすいようにも思われます。実際に多くの多変量解析の本で、テーブルの列と列ベクトルとを対応させています。

　テーブルの1列を列ベクトルと対応づける流儀では、次のようになります。

$$\underset{n \times 1}{\boldsymbol{y}} = \begin{pmatrix} y(1) \\ y(2) \\ \vdots \\ y(n) \end{pmatrix} \quad \underset{n \times 1}{\boldsymbol{x}_i} = \begin{pmatrix} x_i(1) \\ x_i(2) \\ \vdots \\ x_i(n) \end{pmatrix} \quad \underset{n \times m}{X} = \begin{pmatrix} \boldsymbol{x}_1 & \boldsymbol{x}_2 & \cdots & \boldsymbol{x}_m \end{pmatrix}$$

　そして y と x_k との関係を表す式では、係数ベクトルが後から掛かります。

$$\boldsymbol{y} = X\boldsymbol{a}$$

　「係数が後から掛かる」という点は少し直感に反しますが、データの並び方はこちらのほうが自然です。

　結局、どちらが正しいというものではありません。どちらの流儀もよく見かけますので、本書に限らず都度、確認しながらお読みになることをお勧めします。

SECTION-22

本章のまとめ

　本章では、あえて「直ちにデータ分析に適用するには向かない形式」のテーブルから始めて、データベースの正規化や整然データの考え方に基づく変形の手続きと具体的な操作手順を述べました。さらに数式における表現を示すことで、本章以下に続く分析についての章との橋渡しとしました。

　データマイニングエンジニアの場合は、データの構造を一から設計するよりは、雑多な形式のテーブルからデータの構造を見いだすことのほうが、仕事の内容としては多いと思います。読者各位も街中で表の形をしたものを見かけたら、要件を確認しながら縦持ちにしたり横持ちにしたりしてみると人生の幅も広がるのではないでしょうか。

　なお、ここで述べたようなテーブルの変形は、データ分析の中の前処理と呼ばれるフェーズで行われます。何事も「○○だけで1冊の本が出る」といえるほど奥が深いものですが、前処理だけでも一冊の本が出ています[14]。

　一方、SQLについては山のように本が出ています。もっとも、本章の内容は他の章と同様に基本情報技術者試験の内容を前提にしており、本章と理解するにあたってはそれで十分です。

⊕ 本章の参考文献

[12] H.Wickham et al.,Tidy data,
　　 Journal of Statistical Software,59,pp.1-23,2014.

[13] 西原史暁「整然データとは何か」,『情報の科学と技術』,第67巻,
　　 pp.448-453, 2017.

[14] 本橋智光(著)・株式会社ホクソエム(監修)
　　 『前処理大全 =Law of Awesome Data Scientist: データ分析のためのSQL/R/Python実践テクニック』,技術評論社, 2018.

CHAPTER 06

可視化

>>> **本章の概要**

　本章では、「統計学の基礎」の章で述べたような、統計的にデータ全体の性質を見積もった結果について、すなわち統計モデルとの関係に着目しながら、可視化の方法について説明します。

　まず、「データマイニングを始める前に」の章で紹介した探索的データ解析に登場する箱ひげ図からスタートし、ヒストグラムと確率密度関数の重ね書きの方法について上記の観点で述べます。さらに統計モデルと実測値との差を見る方法について、可視化のアプローチでいくつか説明します。最後に多変量の散布図と楕円について、変換行列による幾何学的な解釈を示します。

SECTION-23

可視化の目的

　可視化とは、要はグラフを描くことです。しかし、本章で述べることは「こういうデータには折れ線グラフ、こういうデータなら棒グラフ、円グラフは云々……」というような「グラフの選び方」の説明ではありません。

　ホワイトボードで議論しながら「大体こういう風に値が散らばっていて……」と山を描いたり楕円を描いたりすることはよくありますが、あのような「なんとなくいい感じの」曲線を定量的に描くにはどうしたらいいか、ということを本章では論じます。

◉ 要約して可視化する

　データをそのまま表現するなら、対応する点を1つひとつ描くという方法もあります。しかし、人に何かを伝えるときには普通は要約して話をするように、データを表現するときにはたくさんの点の代わりに山だったり楕円だったりを描きます。

　自分が理解することや人に伝わることを考慮に入れるならば、単に「データを可視化する」ことではなく、「データを要約して可視化する」ことを考える必要があるのです。

　なお、データを要約するための代表的な考え方が統計であり、「統計学の基礎」の章でその方法について述べました。本章に至るまでに少し間が空きましたので、必要に応じて復習しておいてください。

　以下、具体例を挙げながら説明します。

◉ 1変量の具体例

　次のような1変量のデータがある場合を考えましょう。

```
[25, 32, 26, 57, 31, 40, 21, 39, 27, 34, 27, 48, 23, 62, 30, 19, 23, 21, 28]
```

　このデータが何を意味するかは深く考えなくともよいのですが、たとえば、あるグループの年齢などを適当にイメージしてください。

　これをそのまま可視化してみましょう。並べてある順には意味がないので、順番（配列でいうところの添え字）を横軸にしてそのままプロットしてもほとんど意味がないグラフになってしまいます。

●図06-01 そのままのプロット

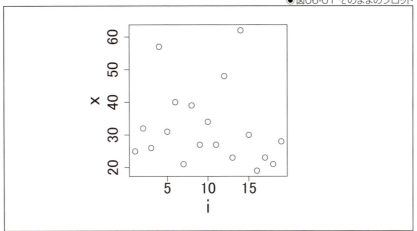

　もしほかにも変量があれば、本章で後述する散布図を描くことができますが、残念ながらこれは1変量です。「時系列解析」の章で詳述する時系列データであれば、折れ線グラフにすれば良さそうですが、順番に意味がないのはすでに述べた通りです。

　1変量のデータは、多変量データや時系列データと比べてシンプルであるわりに、かえってグラフを描くのは難しいようです。次節からこのデータを例にしてデータを要約して可視化する方法を述べます。

SECTION-24

四分位数と箱ひげ図

「生の」データを要約したものを可視化する方法のうち、もっともシンプルなものとして、本節では四分位数と箱ひげ図について述べます。これは「データマイニングを始める前に」の章で挙げた探索的データ解析［15］で提唱されているものです。

いきなり「これが四分位数と箱ひげ図です」と、手続きと結果を示しても構わないのですが、意外と箱ひげ図は巷できちんと理解されていないようですので、少し丁寧に説明します。

● 順序統計量

前節で挙げたデータを次のように昇順にソートしてみましょう。

[19, 21, 21, 23, 23, 25, 26, 27, 27, 28, 30, 31, 32, 34, 39, 40, 48, 57, 62]

そして順位（下から数えたもの）を横軸にしたグラフを描くと、**順序統計量 (order statistic)** を表す図になります。

●図06-02 順序統計量のプロット

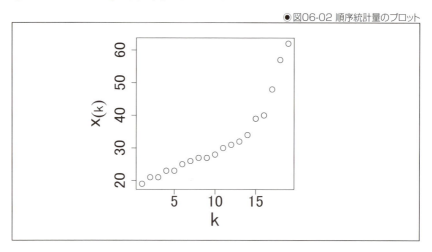

小さいほうから数えて k 番目の値を $x_{(k)}$ と書きます。上図は、横軸が k で、縦軸が $x_{(k)}$（第 k 順序統計量）です。

◆ パーセンタイル

さらに横軸のスケールを変えて、最小値が0、最大値が1になるようにしましょう。パーセント表記をすると、これはパーセンタイルを表す図になります。

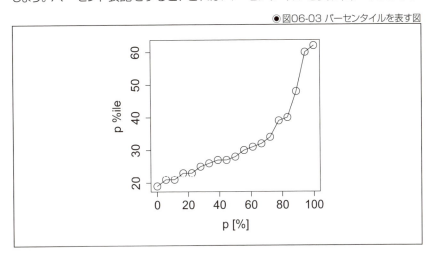

● 図06-03 パーセンタイルを表す図

　パーセンタイル(percentile)とは、「全体の何%がその値と比べて小さいか」を表すものです。上図では、横軸がパーセントで示した割合、縦軸がパーセンタイルです。

　たとえば中央値は、「全体の50%がその値と比べて小さい」と考えられる値なので、50パーセンタイルです。なお、助数詞としての「パーセンタイル」は、「50%ile」という書き方もあります。

　サンプルとサンプルとの間の値については適当な補間を行います。上記の例では線形補間をしています。

　なお、最小値より小さい任意の値で「全体の0%がその値と比べて小さい」のですが、0%ileは最小値とします。同様に最大値より大きい任意の値で「全体の100%がその値と比べて小さい」のですが、100%ileは最大値とします。

SECTION-24 ● 四分位数と箱ひげ図

◆ 四分位数

四分位数(quantile) は、全体を4等分するような区切りになる値を指します。パーセンタイルでいうと、25%ile、50%ile、75%ileがそれぞれ、第1四分位数(Q_1)、第2四分位数(Q_2)、第3四分位数(Q_3)に対応します。

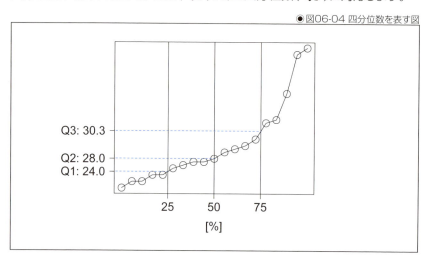

●図06-04 四分位数を表す図

◆ 四分位数に基づく外れ値

順序統計量がロバストであることを利用して、外れ値を検出することがあります。

Q_1 と Q_3 の差を**四分位範囲(IQR: interquartile range)** と呼びます。IQRを W として(すなわち $W = Q_3 - Q_1$ として)、$Q_1 - 1.5W$ より小さい値および $Q_3 + 1.5W$ より大きい値を外れ値とします。

文章による説明ではピンときませんが、次の「箱ひげ図」の項目で図示しますので、ご参照ください。

◆ 箱ひげ図

箱ひげ図（boxplot）は四分位数をもとに分布を可視化するものです。長方形と上下に伸びる線（ヒゲ）、横棒、および外れ値を表す点からなります。

●図06-05 箱ひげ図

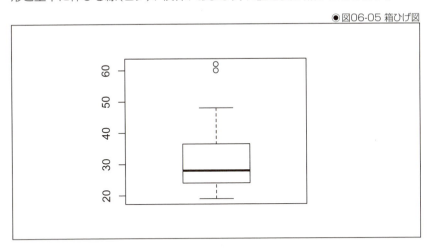

長方形の幅は任意です。下の辺と上の辺がそれぞれ、第1四分位数と第3四分位数を表します。そして中央値を表す位置に太い横棒を描きます。さらに上下に伸びる線のそれぞれの先に短い横棒を描き、外れ値を除いた中での最小値と最大値を示します。外れ値がある場合はそれらもプロットします。

外れ値の判別も含めて、以上をまとめて図示すると次のようになります。

●図06-06 箱ひげ図

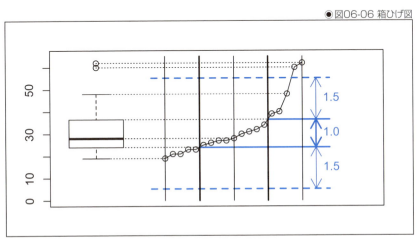

手順は次の通りです。

❶ 四分位数を求める
❷ 第1四分位数と第3四分位数の長さを1とする
❸ 1.5倍して上下を見て超えているものを外れ値とする
❹ 外れ値を除いた群の中で最大値と最小値を決める

COLUMN 四分位数の流派

　実は四分位数の計算にはさまざまな「流派」があります。本文での説明は、Rのquantile関数のデフォルト設定にならいました。quantile関数はn分位数（nは任意の整数）を計算する関数で、最小値を0、最大値を1として、i/nに対応する値を第i n分位数とするものです。たとえば第1四分位数は1/4=0.25に対応する値です。この伝でいくと、パーセンタイルは百分位数というわけです。

　また、対応する値がないときは、線形補間ではなく前後の値の平均値で補間することもあります。Rでもboxplotでは、線形補間ではなく平均値による補間が行われた値が使われます（実は、本文では線形補間と平均値による補間が一致する例を挙げました）。

　本文で述べたとおり四分位数はロバストな統計量なので大きな問題にはなりにくく、一般論としては特にどれが正しいということにはなっていないようです。

　しかし高校で習う手順は、次のようにまた独特ですから、試験などでどう採点されるかわからないので、受験生は気をつける必要があるかもしれません。

❶ 中央値を得て第2四分位数とする
❷ 中央値と比べた大小で2つの集合に分ける
❸ それぞれの集合の中央値を得てそれぞれ第1四分位数、第3四分位数とする

　再帰的な定義といいましょうか、これはこれで一貫性があるように思われます。

COLUMN
四分位数とヤマタノオロチ

　『ドラえもん』で、のび太がヤマタノオロチについて「頭が8つなら股は7つのはずだ」と言ってドラえもんを困らせるシーンがあります。結局、ドラえもんは「むかしからヤマタときまってるの！」と言うほかなく、のび太を説得することができないのですが、四分位数も同様の問題を抱えています。

　本文での説明の通り、四分位数は区切りを指します。「全体を4つに分けるなら区切りは3つのはず」で、もちろん四分位数は第1から第3までの3つしかありません。

　一方、分けられた結果の4つの群は四分位群と呼ぶのですが、厄介なことにこれも英語ではquantileです。もはやドラえもんと同じに「むかしからきまってるの！」というほかありません。

SECTION-25
ヒストグラムと確率密度関数

本節では、サンプルの分布の形を表現するものとしてのヒストグラムと、それに対応する確率密度関数について述べます。

⊕ ヒストグラム

ヒストグラムは箱ひげ図よりも分布をよく表せます。下図に前述のデータ列のヒストグラムの例を示します。

◉図06-07 ヒストグラム

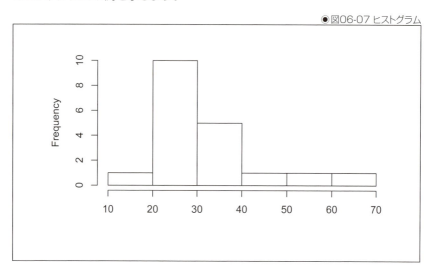

分布の形を見るという目的では箱ひげ図よりよさそうです。しかしながらヒストグラムには適切な区間幅を設定するのが難しいという問題があります。

たとえばピーク付近がもう少し滑らかにならないかと思って、区間幅を細かくすると次のようになります。

● 図06-08 ヒストグラム

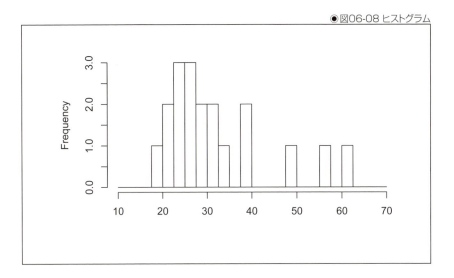

　ピーク付近の形はよく表されていますが、分布の裾のほうは「歯抜け」になっています。
　なお、階級数 k を決める目安として、スタージスの公式（Sturges' rule）がよく知られています。

$$k \simeq \log_2 N + 1$$

　Rのhist関数のデフォルトで決まる階級数は、この公式に基づいて決まります。上記のデータでは $N = 19$ で公式の右辺は約5.25となり、切り上げて階級数6となっていたわけです。

確率密度関数の推定

　ヒストグラムに確率密度関数を重ね描きすることはよく行われます。ここでは確率密度関数の推定方法について、アプローチに応じて大きく3つに分けて述べます。

- パラメトリック：確率分布の母数を推定する方法
- ノンパラメトリック：特定のモデルを仮定しない方法
- セミパラメトリック：混合分布推定などのハイブリッドな方法

◆ パラメトリックな推定

パラメトリックな推定は、いわゆる「モデルの当てはめ」をする方法です。モデルとしてパラメータ(母数)を持つ確率分布を採用します。

たとえば、正規分布が該当します。正規分布のパラメータ(母数)は平均と分散です。上記の例は正規分布っぽくは見えませんが、平均と分散は計算できますので、それに基づいて試しに重ね描きしてみましょう。

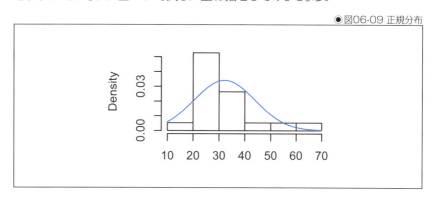

●図06-09 正規分布

案の定ずれているようです。なお、対数正規分布を仮定すると——すなわち対数変換したものについて正規分布を仮定すると——割とうまくいきます。

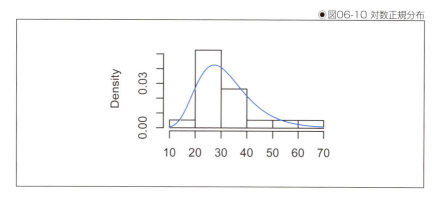

●図06-10 対数正規分布

いずれにしろパラメトリックな推定は、「何らかのモデルを仮定し、そのパラメータ(母数)を推定する」というものです。

◆ ノンパラメトリックな手法

　確率密度関数を推定するにあたって、パラメータを持つ確率分布を特に仮定しない方法がノンパラメトリックな手法です。

　ヒストグラムに基づく方法もその1つです。確率変数の定義域を一定の階級幅wで区切って、各階級についてその範囲にサンプル点が1つあるときに「1票」入れる——という集計をすべてのサンプルについて行ったものがヒストグラムです。そしてサンプル点1つあたり「1票」ではなく「1/w票」として全体をサンプルサイズnで割ると、積分したときに1になるので確率密度関数になります。前掲の確率密度関数を重ね描きしたヒストグラムは実はこの方法で作ったものです。

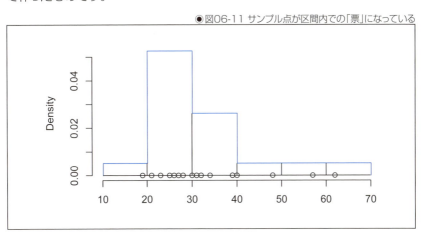

●図06-11 サンプル点が区間内での「票」になっている

　各サンプル点の周囲の範囲に「票」を入れる考え方もあります。確率変数xについて、$(x - w/2, x + w/2]$ の範囲にサンプル点が1つあるときに「1/w票」入るとして、入った票数をnで割って確率密度と見なせば、これも確率密度関数になっています。

◉図06-12 一様分布で「投票」した場合

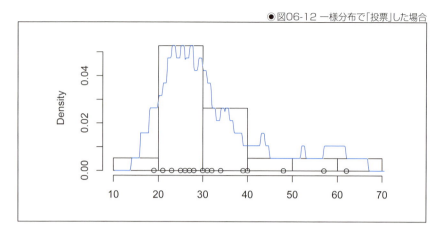

このとき次の関数はサンプル点の周囲に入る「票数」を意味する関数になっています。

$$f(u) = \begin{cases} 1/w & (-w/2 < u \leq w/2) \\ 0 & \text{otherwize} \end{cases}$$

このような関数 $f(u)$ を**カーネル関数(kernel function)**と呼びます。積分して1になることと、平均が0になるという要件さえ満たせば、カーネル関数が一様分布である必要はなく、ガウス関数でも構いません。

◉図06-13 カーネル関数がガウス関数の場合

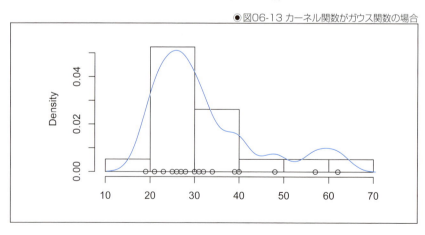

カーネル密度推定は特にモデルを仮定することなく確率密度関数の推定が可能ですが、サンプルサイズが大きい場合、すなわち「票数」が多い場合は計算時間がかかるなどの難点もあります。

◆ セミパラメトリックな手法

セミパラメトリックな方法は、パラメトリックな推定とノンパラメトリックな手法との中間的な方法です。混合分布推定が典型的な例です。

下図は理論分布が2つの正規分布の混合からなると仮定して、それぞれについてパラメータ（母数）を推定して得られたものです。

●図06-14 混合分布推定

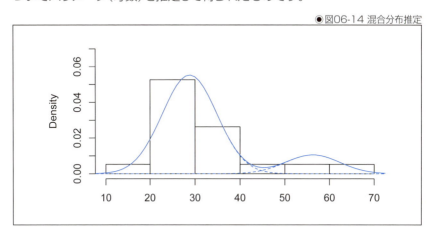

グラフの谷の部分に注意して見れば、2つの正規分布の和になっていることがわかると思います。各正規分布のパラメータを得るには、各サンプル点が2つの分布のどちらに属すると考えられるかを決める必要があり、これは尤度が最大になるように決めます。

SECTION-26
理論分布との差を見る

以上で示した通り、推定した確率密度関数とヒストグラムとを重ね描きすることで理論分布とサンプルの分布とを比較できますが、前述の通り、ヒストグラムを「もっともらしく」描くのは至難の業でした。ヒストグラムによらずに理論分布との差を可視化するものとして、P-PプロットとQ-Qプロットがあります。

🌐 P-Pプロット

P-Pプロット(probability–probability plot)は、確率変数の値をパラメータ(媒介変数)として、累積分布確率をプロットしたものです。

横軸は理論分布について計算した累積確率にして、縦軸は実際の累積度数を総和が1になるように正規化した値にします。

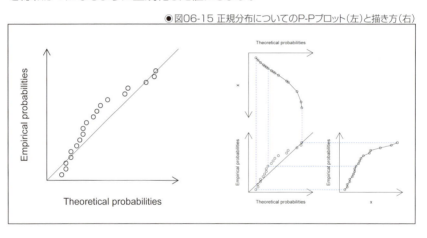

●図06-15 正規分布についてのP-Pプロット(左)と描き方(右)

補助として傾き1の直線を引きます。実測値の分布が理論分布の通りだとすると、この直線上にプロット点が並びます。

P-Pプロットではプロット点が直線より上か下かを見るよりは、傾きが緩やかか急かを見るほうがよいでしょう。傾きが急な部分は実測値が「詰まっている」状況なので理論分布より密であり、緩やかな部分は理論分布より疎であることを示しています。

⊕ Q-Qプロット

Q-Qプロット(Q-Q plot:quantile-quantile plot)は、順位をパラメータ(媒介変数)として、パーセンタイルをプロットしたものです。そうであればpercentile-percentile plotになりそうなものですが、P-Pプロットと紛らわしいのでQ-Qプロットとなっているようです。

横軸を理論分布について計算したパーセンタイルにして、縦軸を実際のパーセンタイルにします。

●図06-16 正規分布についてのQ-Qプロット(左)と描き方(右)

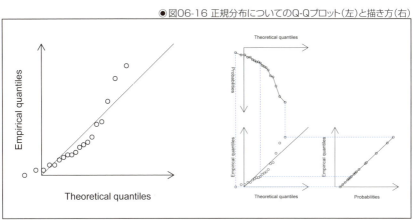

これも補助として傾き1の直線を引きます。実測値の分布が理論分布の通りだとすると、やはりこの直線上にプロットされた点が並びます。

Q-Qプロットでもプロットされた点が直線より上か下かを見るよりは、傾きが緩やかか急かを見るべきです。ただし、P-Pプロットとは逆に、傾きが緩やかな部分が実測値が「詰まっている」状況なので、理論分布より密であることを示しています。急な部分は理論分布より疎であることを示しています。

偏りを表す

ところで、「すべての値が等しい場合」との差を見たいときはどうすればよいでしょうか。言い換えると「理論分布の分散が0である場合」です。このときP-PプロットもQ-Qプロットも意味がありません。理論分布の累積分布確率は0か1になってしまいます（平均より小さいと0で平均以上だと1）。また、パーセンタイルはすべて平均と等しくなってしまいます。

ちなみにどういう状況でそんな比較をしたくなるかといいますと、観測対象が国民の所得であったり市場のシェアであったりする場合です。すべてが平等であるときとの差（不平等さ）を見たいわけです。

ここでは不平等さを可視化するものとしてローレンツ曲線について述べ、不平等さの指標としてジニ係数とハーフィンダール・ハーシュマン指数をご紹介します。

◆ ローレンツ曲線とジニ係数

ローレンツ曲線は順位と累積割合の関係を描いた曲線です。

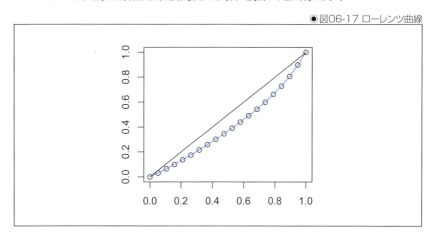

● 図06-17 ローレンツ曲線

横軸が順位を正規化した値、縦軸が累積割合です。ただし、順位は正規化しているので定義域（横軸の範囲）は[0, 1]になります。分散0の理論分布を考えたとき——すなわち1位からn位まですべて同じ値の場合——累積割合のプロットされた点は傾き1の直線上に乗ります。

ローレンツ曲線と傾き1の直線との間の面積を2倍したものがジニ係数です。これが大きいほど偏りが大きいということを意味します。

◆ ハーフィンダール・ハーシュマン指数

ハーフィンダール・ハーシュマン指数(HHI: Herfindahl-Hirschman index) は市場における企業のシェアの偏り具合(独占の度合い)を見る指標です。ハーフィンダール指数ともいいます。企業の合併や買収(企業結合)による独占的な状態を防ぐため、公正取引委員会によって行われる評価にも用いられます。

HHIはシェア(割合)の二乗和で定義されます(x_* は x_i の総和)。

$$\mathrm{HHI} = \sum_{i=1}^{n}\left(\frac{x_i}{x_*}\right)^2$$

なお、パーセント表記で値を扱う場合が多いようです。そのときは上記の式で得られた値を100×100=10000倍すればよいことになります。

一見すると「割合の二乗和」というのはよくわからない統計量です。まずこの形の式を見ると n で割りたくなりますが、HHIは割りません。これはどういう量なのでしょうか。HHIについての一般的な説明を読むと次のようなことが書いてあります。

- 1つの企業が完全独占すると1になる
- 企業数が n でシェアがすべて同じだと $1/n$ になる

シェア100%の企業が1つだと1になるのは明らかです。またシェアがすべて同じだと各企業のシェアが $1/n$ になりますから、HHIは $1/n$ の乗を n 個分足した量になります。これは $1/n$ の二乗を n 倍すればよいですから、結局 $1/n$ になります。結局、シェアが偏るほど1に近づく量であるということになります。

SECTION-27

散布図と楕円

次に多変量の場合における理論分布の重ね描きを試みましょう。本節では、前節までで用いた1変量のデータではなく「統計学の基礎」の章で例として挙げた成績表をもとに、国語と英語についてピックアップして例を挙げます。

散布図と確率密度関数

各変量について確率密度関数を描くのは1つの方法です。

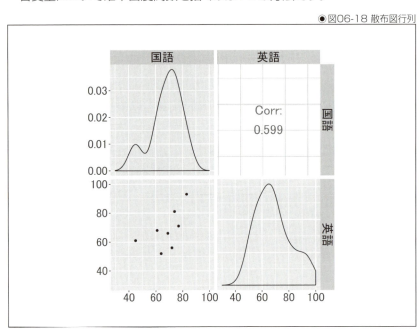

●図06-18 散布図行列

この図は**ペアプロット**で、複数の変量の関係を見るためによく使われます。上三角および下三角のマスで2つの変量の関係を表すグラフや数値を示し、対角のマスで各変量の特徴(分布など)を表すグラフや数値を示します。この散布図行列では、上三角に相関(「多変量解析」の章で詳述します)、下三角に散布図、対角にカーネル密度推定を行った結果を示しています。相関値は0.599で、散布図を見てもその傾向はわかります。一方で各変量について推定した分布を見てもピンときません。むしろ逆の傾向があるようにすら見えます。

🌐 分散共分散行列と楕円

多変量の場合でもパラメトリックな推定を行って、その結果を散布図の上に重ね描きすることができます。具体的には、平均と分散共分散行列に基づいて楕円で示します。

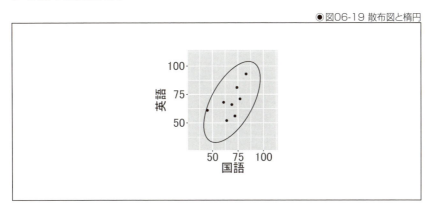

●図06-19 散布図と楕円

原則的に分散共分散行列は楕円に対応します。具体的には固有値と固有ベクトルに基づいて楕円を描くことができます。「多変量解析」の章で改めて述べますが、主成分分析は分散共分散行列の固有値問題に帰着します。以下で、どうしてそんな対応があるのかの概略を述べます。

◆ 固有値問題との関係

分散共分散行列を V とします。これが実対称行列のとき、次のように対角化できます。

$$V = E^{-1}DE$$

なお、E は正規直交基底、E^{-1} は E の逆行列、D は対角行列です。正規直交基底とは、互いに直交している単位ベクトルを並べたものです。

$$E = \begin{pmatrix} e_1 & e_2 & \cdots & e_n \end{pmatrix}$$

固有値問題として考えると、E の各列が固有ベクトル、D の各対角成分が固有値です。

正規直交基底は必ず回転行列になっています。具体的には次のような状況です。

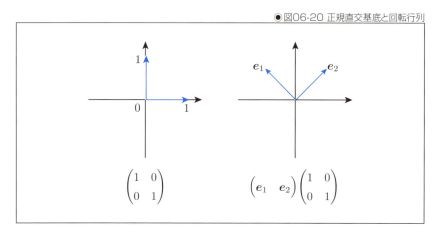
図06-20 正規直交基底と回転行列

2次元の単位行列を考えましょう。これは横軸上の座標(1,0)と縦軸上の座標(0,1)に対応するそれぞれのベクトルを並べたものと見なせます。これに前から正規直交基底をかけると、(一方が単位行列なので当たり前ですが) e_1, e_2 が得られます。これに対応する座標はもとの座標を回転させたものになっています。わかりやすさのために単位行列を使って模式図を描きましたが、どんなベクトル列に対しても回転を行う変換になっています。

また、対角行列は各軸を伸縮させる変換です。これも2次元の単位行列で簡単に考えられます。

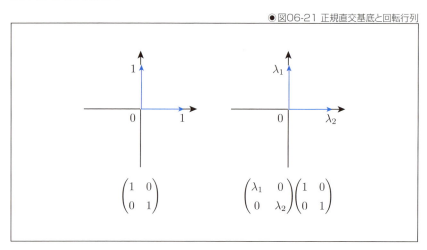
図06-21 正規直交基底と回転行列

◆ 主成分分析の図形的理解

上述の通り、正規直交基底はただ回すだけの変換です。対角行列は各軸をただ伸縮させるだけの変換です。

結局、主成分分析は次のような処理を行うものだと考えてよいでしょう。

❶ 平均を差し引く（中心化）
❷ 分散共分散行列が対角行列になるように回す（対角化）
❸ 分散が丸くなるように伸縮させる（正規化）

●図06-22 模式図

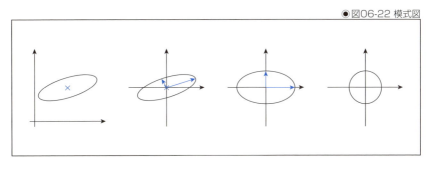

上記の散布図の楕円は、この逆の変換をしたものです。すなわち正円をなす点列に対して、固有値に基づいて伸縮させ、固有ベクトル（＝正規直交基底＝回転行列）に基づいて回転させ、平均に基づいて平行移動したものです。

SECTION-28

本章のまとめ

　「データを要約して可視化する」をテーマにいくつかの実例を挙げながら説明しました。グラフは単に「データを可視化したもの」ではなく、「データを要約して可視化したもの」であることがご理解いただけたかと思います。

　素朴な棒グラフであっても、集計値というデータを要約した量が背後にあります。箱ひげ図であれば四分位数です。これまで何気なく見ていたグラフの背後に、それぞれの要約された量が見えてくるはずです。ひいては楕円の向こうに分散共分散行列が見えてくるようになっていれば、本章の目的は達成されたといっても過言ではありません。

　なお、話が前後するので本章では触れませんでしたが、回帰分析の結果を図示するときに回帰直線を描くのも、要約して可視化するやり方の1つです。この背後にある量についても述べたいところですが、紙数も限られていますので割愛いたします。

　本文で言及した探索的データ解析については、参考文献として原著[15]を挙げさせていただきます。なお、可視化全般については文献[16]をご参照いただくのがよいようです。また、TEDの講演ですが公衆衛生学者のハンス・ロスリング(Hans Rosling)の「私のデータセットであなたのマインドセットを変えてみせます」(訳・Yasushi Aoki氏)[17,18]は、可視化の威力を思い知らされる名講演です。「はー……。可視化するとはこういうことか」と唸らされます。

🌐 本章の参考文献

[15] J.Tukey,Exploratory Data Analysis,Addison-Wesley,1977.

[16] K.Healy,Data Visualization:A Practical Introduction, Princeton Univ Pr,2018.

[17] H.Rosling,Let my dataset change your mindset,2009, URL:https://www.ted.com/talks/hans_rosling_at_state

[18] Hans Rosling・Yasushi Aoki(訳)・Masahiro Kyushima(監修)「私のデータセットであなたのマインドセットを変えてみせます」, 2009, URL:https://www.ted.com/talks/hans_rosling_at_state?language=ja

CHAPTER 07
パターンと距離

▶▶▶ 本章の概要

　何かと何かが似ている場合に「距離が近い」、異なる場合に「距離が遠い」という言い方をよくします。この場合の「距離」とは、何かと何かが異なる度合いを表します。すなわち、異なるもの同士を分けたり、似ているもの同士をひとまとめにしたりするための基準になっています。したがって距離は裏を返せば類似度を表しています。

　たくさんのデータの中から「互いに類似度が高いものを見いだす」ということは「パターンを見いだす」ことの第一歩です。そのための基準として距離が重要なのです。

　本章では、まずパターン認識について概説してから、パターン間の距離について述べます。次にクラスタリングについて述べ、最後に少々搦め手ですが「みにくいアヒルの子の定理」について説明し、「距離」を考えることの本質の一端に触れます。

SECTION-29

パターン認識

　一定の状況下で同じと見なせるものが繰り返し現れるとき、「パターンがある」といいます。

　たとえば、マンガ『ドラえもん』で、のび太くんが先生やママに怒られたり仲間はずれにされたりして「つくづくいやになった」とぼやくと、ドラえもんが「何だ、いつものパターンか」とメタ発言をするシーンがあります[19]。長く続いて構成がパターン化したマンガならではのギャグです。

　同じ手順を踏むと同じ結果が得られる場合も「パターンがある」といいます。コンピュータゲーム（特に「格闘もの」）を嗜む方々には「パターン入った」という言い回しは耳慣れているでしょう。一定の手続きを踏むと『「勝ち」もしくは「負け」が確定する』という場合があって、その状況に持ち込んだり持ち込まれたりしたときが「パターン入った」です。

　また、洋裁でパターンというと型紙のことで、やはり同じものを繰り返し作るときに使います。これから転じてソフトウェア開発では、再利用性がある設計のパターンをデザインパターンと呼びます。

● パターン認識とは

　上記の例を見ると「まったく同じではないものの、同じであると見なせる」ならば、「パターンがある」といってよいようです。

　森羅万象からパターンを見いだすことを**パターン認識（pattern recognition）**といいます。パターン認識はヒトはもちろんイヌやネコでも持っている能力ですが、計算機科学の文脈では、コンピュータによる計算で自動的にこれを実現することを指します。

　実用的には「森羅万象からパターンを見いだす」のは困難なので、コンピュータで取り扱う問題としては範囲を限定します。まず、データとして表現されたものだけを対象とします。また、データ表現の方法も限定します。

● 改めて「パターン」とは何か

　本文の冒頭の説明で、『どういうときに「パターンがある」というか』を例示しました。次に『どういうものを「パターンと呼ぶ」か』について述べました。

前者は抽象的な概念を指しているようである一方、後者は具体的な実体を指しているように見えます。一体、パターンとはどちらを指す用語なのでしょうか。

辞書を引くと、前者の意味で「類型」、後者の意味で「図案」という説明になっています。結局、両方の意味が載っており、どちらともいえません。

これは難しい問題で、どうも「場合により使い分けられている」としか言いようがありません。しかし、本章では曖昧さを可能な限り取り除くために「抽象的な概念との対応がある具体的な実体がデータとして表現されたもの」を**パターン(pattern)**と呼ぶことにします。

ドラえもんの例でいうと、「仲間はずれにされた（抽象的な概念）」と対応する「個々のエピソード（具体的な実体）」とがあったときに、世間一般の用語としてはどちらもパターンと呼ぶのですが、本章においては「具体的な実体」のほうを（そしてそれがデータとして表現されたものを）指してパターンと呼ぶことにします。

なお、この例だと過去に似た話がないエピソードについてはパターンと呼べないように感じられますが、そういうものは「これまでにないパターンだ」と呼ばれて、「これまでにない（抽象的な概念）」との対応がつきますので、やはりパターンになります。

◆ データ表現の具体例

データとして表現されたパターンの具体例を挙げましょう。「統計学の基礎」の章で例示した成績のテーブルから1人分を切り出しました。

●表07-01 5教科の点数を並べた成績

学生番号	国語	英語	数学	理科	社会
1	64	52	54	57	83

5教科の点数を並べたもので、「成績」がデータとして表現されています。これは1行が1つの「パターン」に対応します。データ解析ではこれをベクトルで表現します。多くの場合でパターンはベクトルで表現されます。

なお、この成績表は100点満点なので、各科目の点数は0から100の整数値を取ります。

したがって、パターン x は5次元のベクトルで $x \in \{0, 1, 2, \ldots, 100\}^5$ となります。

◆ 可変長のパターン

パターンの表現は必ずしも固定長であることを要件としません。たとえば、可変長の文字列も典型的な「パターン」です。「いい」や「Good」、ひいては「(·∀·)イイ!!」などが、どれも同じ「良い」という意味を表すパターンである――と、認識しなければならない状況はよくあります。

また、可変長の音声データも「パターン」と呼んでよいでしょう。鼻歌で曲を検索するアプリケーションは、いまやスマートフォンに搭載されるまでに至っていますが、鼻歌ともとの楽曲とで、同じフレーズに対応する音声データの長さは必ずしも一定ではありません。鼻歌(テンポやキーが違ったり揺らいだりした音声)からフレーズを認識するのもパターン認識です。

⊕ パターン空間

パターン認識の問題を解くために、何らかのデータ表現を採用したとします。本書では、「その方法で表現できるすべてのパターン」からなる空間をパターン空間と呼ぶことにします。

少しまどろっこしい表現ですが、難しいことではありません。上記で例に挙げた成績のパターンでは、各科目の得点が0から100の範囲の値を取る5次元の空間、すなわち $\{0, 1, 2, \ldots, 100\}^5$ です。

どのようなデータ表現を選ぶべきかは解きたい問題に依存します。テストの点数であれば数値で十分ですが、スキャンした手書き文字を認識する場合は画像を採用せざるを得ません。一般の自然言語処理の問題であれば、まずは文字列で表現されます(不定長のパターンを含む空間を考えるのは困難ですが、一定の条件下で可能であることは後ほど「距離に基づく空間」の項で示します)。

⊕ パターン認識の手続き

一般的なパターン認識の手続きは次の通りです。
❶ 対象を観測してデータ化する(パターンをパターン空間で表現)
❷ 特徴抽出する(パターンを特徴空間で表現)
❸ 同一と見なせるものを判別する(パターンを特徴空間上で分類)

●図07-01 パターン空間と特徴空間

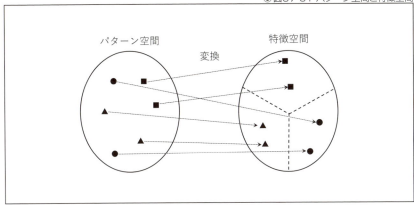

　特徴抽出とは、パターン認識のタスクにとって都合の良い、パターン空間からの何らかの変換を指します。たとえば、「データマイニングを始める前に」の章の「データ」の説明で成績から得た評点を示しましたが、これは何らかの主観の入らない計算によって変換されているはずで、このような変換を本書では特徴抽出と呼んでいます。

　判別は、特徴空間上でさらにパターンを分類することです。前述の成績の例では、評点をつけた後に「優／良／可／不可」の評定をつけていましたが、これは典型的な判別です。

パターン認識と距離

　パターン認識の手法は、上記の3つの手続きのいずれかに工夫があります。うまい観測の仕方をすると、特徴抽出や判別の段階で凝ったことをしなくて済むかもしれません。良い特徴抽出（変換）ができれば、適当な観測でもうまくいくでしょう。判別法が賢ければ、その前の段階を工夫しなくてもよいかもしれません。

　いずれにしろ、似ているもの同士をひとまとまりにしたり、異なるもの同士を分けたりするための基準が得られないことには話が始まりません。この基準を「距離」と呼びます。

実は距離というのはなかなか難しい用語です。小学校や中学校の教科では直線距離のことのみを指していて、道のりと区別するための用語として使われています。一方、数学では一般化されていて「距離の公理」が満たされる関数によって得られる値を指しています。ひるがえってパターン認識の文脈では「非類似度」というニュアンスで使われていて、必ずしも距離の公理を満たさないものも「距離」と呼ばれます。

　本章の説明はパターン認識の文脈ですので「非類似度」というニュアンスで用います。

SECTION-30

さまざまな「距離」

　地球は丸いですが、地図は平面なので、地図上の長さと実際の「距離」とが比例しないことはよくあります。

　日本の東京とアメリカのロサンゼルスは大体同じ緯度なので、東京からコンパスを見ながらずっと東の方向に進んでいけば、いずれロサンゼルスに到着します。このとき地面に対してはちょっとずつ曲がりながら進むことになります。曲がりながら進むので、このコースは最短距離にはなりません。

●図07-02 コンパスを見ながら真東に進んだとき

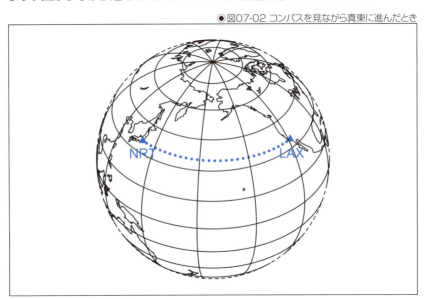

　東京で真東を指してから、コンパスを「見ないで」まっすぐ進むと、地球を一周して元のところに戻ってきますが、その間にロサンゼルスはありません。また、東京からロサンゼルスを指して、その方向にずっと進んでいくと最短距離でロサンゼルスに着きますが、そのときの方位は東ではありません。

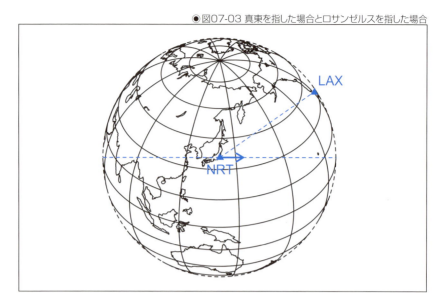

◉図07-03 真東を指した場合とロサンゼルスを指した場合

　そもそも本当の意味での最短距離は、地中を掘っていった場合の直線距離でしょう。地球を球だと仮定して、緯度と経度から3次元空間における東京とロサンゼルスの座標を計算すれば、地中を掘っていった場合の直線距離が計算できます。しかし、普通はこれを「東京－ロサンゼルス間の距離」とはいいません。

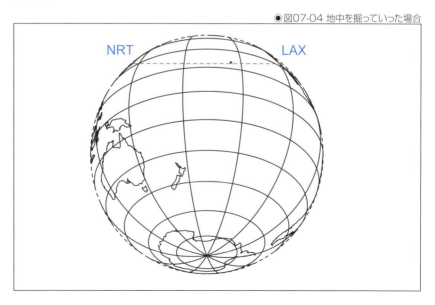

◉図07-04 地中を掘っていった場合

距離は「実際に可能なコース」で測るのがよさそうです。地球上での最短距離になるコースを大圏航路といい、そのときの距離を大円距離といいます。これが普通の意味での「東京－ロサンゼルス間の距離」でしょう。

「実際に可能」という条件がもっと厳しい場合があります。東京からロサンゼルスは見通せないので、もしGPSの類がなかったら、コンパスを見ながら進んでいくしかありません。その場合のコースは等角航路といいます（図07-02のコースです）。この道のりを「東京－ロサンゼルス間の距離」とするべき状況もあるでしょう。

2点間の距離といっても、いろいろな測り方があるようです。

道のりに基づく距離

同じ次元数のベクトルで表現された2つのパターン同士の距離は、2点の間の道のりに基づいて決めることができます。上述の例では、3次元空間における球面上の2点の距離について考えましたが、経路によってそれぞれ異なりました。

以下、一般的に用いられる距離の測り方を挙げます。

◆ ユークリッド距離

ユークリッド距離（Euclidean distance）は、いわゆる直線距離です。ピタゴラスの定理に基づいて、次のように計算されます。

$$d_\mathrm{e}(\bm{x}_i, \bm{x}_j) = \sqrt{\sum_{k=1}^{N}(x_{ki} - x_{kj})^2}$$

内積を使って次のように書く場合もあります。

$$d_\mathrm{e}(\bm{x}_i, \bm{x}_j) = \sqrt{(\bm{x}_i - \bm{x}_j)^\top (\bm{x}_i - \bm{x}_j)}$$

さらに、ルートで開かずに二乗にしたままユークリッド平方距離を考えることもあります。

$$d_\mathrm{e}^2(\bm{x}_i, \bm{x}_j) = (\bm{x}_i - \bm{x}_j)^\top (\bm{x}_i - \bm{x}_j)$$

等高線ならぬ等距離線を描くと、同心円になります。

◉ 図07-05 ユークリッド距離

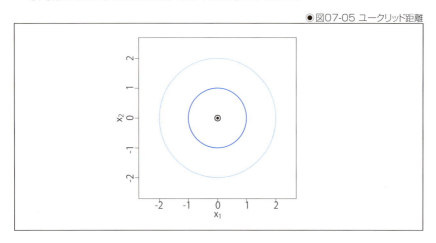

◆ マンハッタン距離

マンハッタン距離（Manhattan distance） は、各変量の差の絶対値の和です。

$$d_\mathrm{m}(\boldsymbol{x}_i, \boldsymbol{x}_j) = \sum_{k=1}^{N} |x_{ki} - x_{kj}|$$

名前の由来の街（アメリカ・ニューヨークのマンハッタン）の通り、平面上に格子状に道路があり、道路上しか動けないという条件のもとでの道のりと、一般には説明されます。もしくは将棋の「飛車」が移動するときに経由するマス目のイメージです。

もっとも、交差点上の点にしか行けないわけではありません。どちらかというとゲームセンターにあるクレーンゲームの軌跡のイメージがより近いといえます。

等距離線が菱形になるのが特徴です。

●図07-06 マンハッタン距離

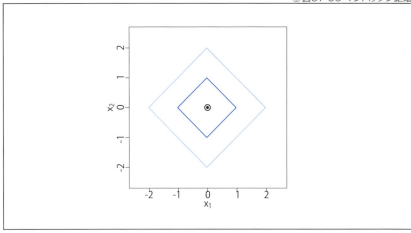

◆ 最長距離

各変量の差の絶対値の最大値です。

$$d_{\mathrm{M}}(\boldsymbol{x}_i, \boldsymbol{x}_j) = \max_{k} |x_{ki} - x_{kj}|$$

将棋の「玉」が移動するときにかかる手数のイメージです。縦横はもちろん、斜めに動いても1手というところがポイントです。斜めといっても45度斜めにしか動けないので、多くの場合でマンハッタン距離よりは短く、ユークリッド距離よりは長くなります。

等距離線は正方形になります。

●図07-07 最長距離

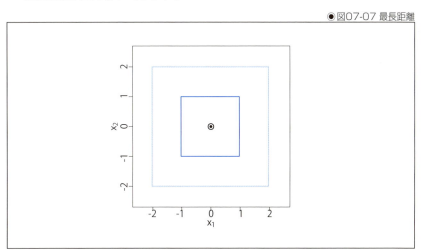

◆ マハラノビス汎距離

複数のパターンがあるときに、分散共分散に基づいて正規化した空間でのユークリッド距離を**マハラノビス汎距離（Mahalanobis' generalized distance）**と呼ぶことがあります。

$$d_g(\boldsymbol{x}_i, \boldsymbol{x}_j) = \sqrt{\sum_{k=1}^{N}(x'_{ki} - x'_{kj})^2}$$

$$\boldsymbol{x}' = V^{-1}(\boldsymbol{x} - \bar{\boldsymbol{x}})$$

「可視化」の章で述べた通り、固有値問題を解くことで分散が1になる（分散共分散行列が単位行列になる）変換を求めることができました。この変換後の空間における2点間のユークリッド距離を指します。

分類としては「2点間の道のりを測るもの」なのでここに挙げましたが、マハラノビス距離（≠マハラノビス汎距離）について述べてからのほうが意義がわかりやすいので、次節の「再考：マハラノビス汎距離」の項で改めて言及します。

⊕ 道のりによらない距離

歌にも歌われる「夏の大三角（デネブ、アルタイル、ベガ）」は、大きいといえども40度位の視野の範囲に入っていて、概ねひとかたまりといってよいほど「近い」関係にあります。しかし地球からの距離を測ると、デネブは何と約1401光年も離れているそうで、アルタイルの約17光年、ベガの約25光年に比べて桁違いに離れています。このような場合は、2つのベクトルがなす角に基づいて距離を考えたほうがよさそうです。

角度をそのまま距離と見なしてもよさそうですが、2次元の場合、2つのベクトルがなす角は単位円に投影したときの円弧の長さに比例します。3次元でも同様で球面に投影したときの大円距離に比例します。

◆ コサイン類似度とコサイン距離

対象が星座ならば、星と星とがなす角は直接、測れますが、パターンがベクトルで表現されている場合は、2つのベクトルがなす角を内積に基づいて計算します。

ベクトルの内積の定義から、各要素の積の和で内積を計算してノルムで割ると、$\cos\theta$（θは2つのベクトルがなす角）が得られます。逆変換して角θを求めてもよいのですが、一般には「コサインのまま」で使います。2つのベクトルの向きが一致していると1、正反対だと-1になるので、この値は似ている度合いを表す量、すなわち類似度になります（**コサイン類似度**と呼びます）。類似度は、裏を返すと距離になります。コサイン類似度に基づく距離を**コサイン距離**といいます。

　半径が1の場合の大円距離と、コサイン類似度およびコサイン距離の関係は次のようになります。

●図07-08 コサイン類似度

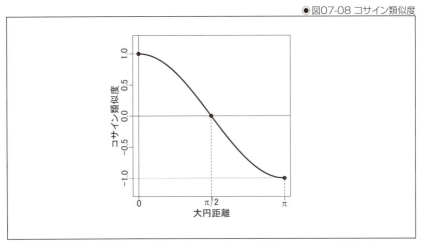

●図07-09 コサイン距離

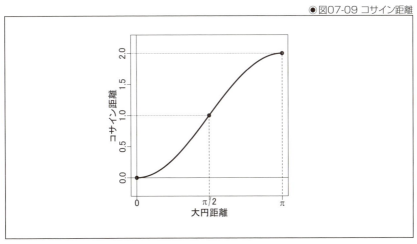

◆コサイン距離の使い道

コサイン距離は、各変量の相対的な大きさで距離を測りたいときに便利です。

たとえば文書について、単語の出現頻度から特徴ベクトルを作った場合によく使われます。単語の出現頻度の分布が似通っている文書でも長さ（単語の数）が違う場合、ユークリッド距離は大きくなってしまいますが、コサイン距離だと小さくなります。長さにかかわらず、文書の種類を分類したいときに有用です。

画像処理でも使われます。カメラで撮影した画像は、露光などの条件により全体の明るさが違っても同一であると見なしたい場合がよくあります。このとき、コサイン距離は全体の明るさ（強度）について不変な量として有用です。

◆ハミング距離

ハミング距離（Hamming distance） は値が異なる要素の数です。一般には、両者が等しいときに0、それ以外のときに1になる関数を考えて、次のように書きます。

$$\delta(a,b) = \begin{cases} 0 & (a = b) \\ 1 & (a \neq b) \end{cases}$$

$$d_\mathrm{h}(\boldsymbol{x}_i, \boldsymbol{x}_j) = \sum_{k=1}^{N} \delta(x_{ki}, x_{kj})$$

この書き方（同じなら1、異なるなら0になる関数をデルタで表す）は初めて読むときには頭を使いますが、スッキリと書けて慣れればわかりやすいので、よく使われます。

各要素の値が数値ではない場合にも使われます。各項目について真偽値が入っている場合が典型的です。もっとも真偽値の場合は真に1、偽に0という値を割り当ててマンハッタン距離を計算しても同じ結果を得られます。

等距離「線」は引けませんが、等距離になる領域を図示すると次のようになります。

●図07-10 ハミング距離で等距離になる領域

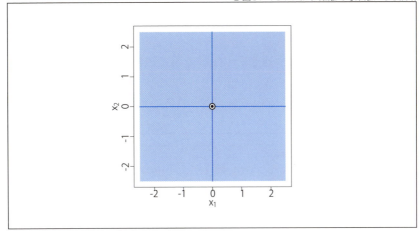

なお、同じ長さの文字列同士でもハミング距離を計算することがあります。たとえば「データマイニング」と「データサイエンス」という文字列は、「データ○イ○ン○」という文字列の○の部分が異なるので、ハミング距離は3になります。要するに、要素同士に1対1対応があればハミング距離は計算できます。

◆ 編集距離

上記で挙げた距離は、いずれもパターンの各要素が1対1対応している場合（パターン同士が同じ次元のベクトルで表現されているとき）に計算できるものでした。

各要素が1対1対応していない場合には、編集距離を計算します。

パターンAとパターンBとの間の**編集距離**は、パターンAから始めて編集処理を繰り返してパターンBにするときに必要な最小の手数です。

◆ レーベンシュタイン距離

対象が文字列の場合の編集距離を、特に**レーベンシュタイン距離（Levenshtein distance）**といいます。

たとえば、「edit」を編集して「data」にするには、（順を問わず）削除を1回、挿入を1回、置換を1回でよい（「edit」→「dit」→「dita」→「data」）ので、編集距離は3になります。

編集距離はただの足し算では求まりませんが、動的計画法で計算できることがわかっていて、2つのパターンの長さがそれぞれ n, m のときオーダーは $O(nm)$ です。

具体的には、2つの文字列それぞれについて、まず空文字列を含む部分文字列を列挙します。そして $n+1$ 行 $m+1$ 列の2次元配列を作り、次の図のように各要素に部分文字列同士の距離を入れることを考えます。

● 図07-11 部分文字同士の距離の行列

	""	"d"	"da"	"dat"	"data"
""	d("", "")	d("", "d")	d("", "da")	d("", "dat")	d("", "data")
"e"	d("e", "")	d("e", "d")	d("e", "da")	d("e", "dat")	d("e", "data")
"ed"	d("ed", "")	d("ed", "d")	d("ed", "da")	d("ed", "dat")	d("ed", "data")
"edi"	d("edi", "")	d("edi", "d")	d("edi", "da")	d("edi", "dat")	d("edi", "data")
"edit"	d("edit", "")	d("edit", "d")	d("edit", "da")	d("edit", "dat")	d("edit", "data")

本来ならd("edit","data")だけが求まればよいのですが、いきなりは求まらないので手順を踏みます。

まずこの行列のうち空文字列を含む要素はすぐに埋まります。長さがnの文字列と空文字列との間の距離はnになる(挿入をn回すればよい)からです。

また、2×2の部分行列のうち、右下の要素以外がすべて埋まっていれば、右下の要素も埋まります。たとえば、d("edit","data")以外がすべて埋まっているとします。このとき考えられるのは次の3つのいずれかです。

❶ "edit"を"dat"に変換するのにd("edit","dat")手かかる。あと1手で"data"になるから、これに1を足せばよい。

❷ "edi"を"data"に変換するのにd("edi","data")手かかる。もし"edit"からだったらもう1手余計にかかるはずだから、これに1を足せばよい。

❸ "edi"を"dat"に変換するのにd("edi","dat")手かかる。つまり"edit"から"datt"に変換するのにd("edi","dat")手かかるから、(最後の"t"を"a"に変換するので)これに1を足せばよい。

ただし編集距離は「必要な最低の手数」ですので、この3つのうち最小のものがd("edit","data")になります。なお、❸の手順で最後の文字が同じ場合は編集距離は変わりません。たとえば、d("edit","dat")はd("edi","da")と等しくなります。

以上から、部分文字列同士の距離の行列の要素は次のように逐次的に求められます。

$$d_{ij} = \begin{cases} \min(d_{(i-1)j}+1, d_{i(j-1)}+1, d_{(i-1)(j-1)}+1) & \text{最後の文字が異なる場合} \\ \min(d_{(i-1)j}+1, d_{i(j-1)}+1, d_{(i-1)(j-1)}) & \text{最後の文字が同じ場合} \end{cases}$$

このように、部分問題(部分文字列間の距離を得る)を解くことで全体の問題を解く方法は典型的な動的計画法です。なお、editとdataの例では次のように行列が埋まります。

●図07-12 部分文字同士の距離の行列

	""	"d"	"da"	"dat"	"data"
""	0	1	2	3	4
"e"	1	1	2	3	4
"ed"	2	1	2	3	4
"edi"	3	2	2	3	4
"edit"	4	3	3	2	3

距離に基づく空間

以上までの説明でパターン間の距離について、まずパターンがベクトルで表現されているときにいろいろな距離が計算できることを述べました。次に、ベクトルでは表現されていなくとも何らかのパターンが2つ与えられたときに、その間の距離を計算する方法について述べました。

ここでは、何らかの方法で2つのパターン同士の距離が計算できるとき、その辻褄が合うような空間が得られることについて述べます。これは「パターン空間」の項で述べた不定長のパターンを含む空間を考える方法の1つです。

ここでは具体例として多次元尺度構成法による再構成の結果を示します。

◆ 多次元尺度構成法

多次元尺度構成法の説明において、巷では都市間の距離行列からもとの都市の配置を再現する例がよく用いられますが、もともと2次元空間に配置されているものから距離を計算して再構成するのも、まどろっこしい気がします。また、すべての都市間の距離がわかっている状況も稀です。

「ベクトルでは表現できないが距離は定義されているもの」の具体例として、前述のdataとeditの間のレーベンシュタイン距離で距離行列を作って、古典的多次元尺度構成法を適用した結果を下図に示します。

●図07-13 距離行列

	"e"	"ed"	"edi"	"edit"	"d"	"da"	"dat"	"data"
"e"	0							
"ed"	1	0						
"edi"	2	1	0					
"edit"	3	2	1	0				
"d"	1	1	2	3	0			
"da"	2	2	2	3	1	0		
"dat"	3	3	3	2	2	1	0	
"data"	4	4	4	3	3	2	1	0

●図07-14 多次元尺度構成法の結果

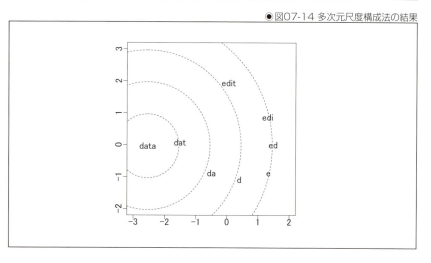

　図07-13で示した距離行列と概ね辻褄が合っていることをご確認ください。
　どんなパターンでも、何らかの手段でベクトル表現にできます。なお、自然言語処理の文脈で、単語についてベクトルで表現したものを**分散表現（distributed representation）** と呼んだり、そのような変換（もしくは変換すること）を、**埋め込み（embedding）** と呼んだりすることがあります。

COLUMN 木構造の編集距離

　編集距離は便利な概念で、パターンが木構造で表されていても定義できます。
　木構造の場合の「編集」も、次の3つからなります。
- 置換：対象とするノードの値を変更する。
- 削除：対象とするノードの子をすべて親ノードの子にしてから削除する。
- 挿入：ある対象のノードの子の一部または全部を、挿入するノードの子にしてから、その対象のノードの子にする。

　「挿入」の説明が「何のこっちゃ」ですが、これは「削除」の操作との対応によります。あるノードを削除すると、その親ノードのもともとの子と削除によって新しく子になったノードとが混ざってしまいます。「挿入」の操作で元に戻すときに、もともとの子と新しい子とを分けないと元に戻らないので「全部を」ではなく「一部または全部を」となっています。逆の操作で元に戻せることが編集距離を定義するにあたって重要なので、特にこのような操作になっています。
　なお、木構造の編集距離もレーベンシュタイン距離と同様に動的計画法で解く方法が提案されています。

SECTION-31

クラスタリング

　前節までで述べた手続きで「似ているもの同士をひとまとめにしたり、異なるもの同士を分けたりするための基準」すなわち「非類似度」としての「距離」が得られました。

　ところで本章の最初で述べた成績の評定の例によって、パターン認識について「未知の対象を分けてそれぞれの箱に入れる」というイメージが湧いたことと思います。

　評定の問題であれば、「優／良／可／不可」で「箱」を4つ用意しておけばよいことははっきりしています。一方、データマイニングで取り扱う問題では、そもそも「箱」をいくつ用意するべきなのかがわからなかったり、どのように分けるべきかも不明だったりします。

　観測できるパターンから、いくつの「箱」を用意してどのように分けるべきかを見いだすことをクラスタリングといいます（後できちんと定義を述べます）。そしてクラスタリングの結果として同じ箱に入るパターンの集合をクラスタといいます。

⊕ クラスタリングの定義

　クラスタリング（clustering）はさまざまな文脈で使われる用語なので多義性がありますが、本書では「ある集合について、要素および部分集合の間の距離が定義されているときに、内的結合と外的分離の性質を持つ部分集合を得る操作」とします。

　このうち「ある集合」が観測されたパターン、「要素」が1つのパターン、「部分集合」がクラスタに対応します。また「内的結合」はクラスタ内で似ているパターン同士がひとまとまりになっているということで、「外的分離」は異なるクラスタ同士が分かれているということです。概略を図で表すと次のようになります。

●図07-15 要素および部分集合の距離

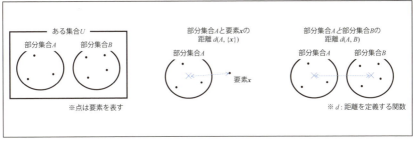

●図07-16 内的結合と外的分離

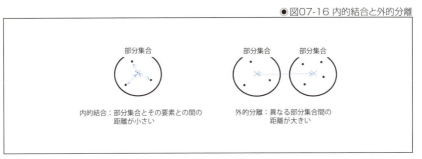

距離さえ定義されていればクラスタリングの要件を満たすのですが、便宜的に空間で表しています。

🌐 クラスタ間の距離

ここで、パターンとパターンとの間の距離はすでに与えられているものとしましょう。さらにパターンとクラスタとの間の距離と、クラスタとクラスタとの間の距離とが定義されていれば（よい結果が得られるかはともかく）クラスタリングを行えます。

◆パターンとクラスタとの間の距離

1つのクラスタと見なせる集合 A とその要素であるパターン x との間の距離を決める方法について、次の2つが考えられます。

❶ 集合 A の代表点とパターン x との距離とする
❷ 集合 A の各要素とパターン x との距離の代表値とする

方法❶は、パターンがベクトル空間上の1点で表されている場合に適用できる方法です。クラスタを代表するパターンを代表点として1つ決めて、それとパターン x との距離を集合 A とパターン x の距離と見なします。多くの場合でクラスタ内のパターンの平均ベクトルを代表点とします。これを特にクラスタの重心と呼ぶ場合もあります。

　なお、クラスタの重心との距離を分散共分散で正規化した空間で測ることもあり、マハラノビス距離(Mahalanobis' distance)といいます。

$$D_m = \sqrt{(x - \bar{x})^\top V^{-1}(x - \bar{x})}$$

　これはクラスタが正規分布（多変量正規分布）に従う場合を仮定するものです。前述のマハラノビス汎距離とは異なりますのでご注意ください（詳細は後述します）。

　方法❷は、パターン間の距離のみが与えられている場合でも適用できる方法です。集合 A のすべての要素とパターン x との距離を計算して、代表値（平均値や中央値、最大値、最小値など）を集合 A とパターン x の距離と見なすものです。

◆ クラスタとクラスタとの間の距離

　それぞれ1つのクラスタと見なせる集合 A と集合 B との間の距離を決める方法についても、次の2つが考えられます。

❶ 各集合の代表点間の距離とする
❷ 各集合の各要素間の距離の代表値とする

　方法❶は、やはりパターンがベクトル空間上の1点で表されている場合に適用できる方法で、集合 A と集合 B のそれぞれの代表点間の距離をクラスタ間の距離と見なします。

　方法❷は、集合 A と集合 B の直積集合についてそれぞれ要素間の距離を求めて、その代表値をクラスタ間の距離と見なします。

なお、以上の考え方に基づくと、クラスタとパターンとの間の距離もクラスタとクラスタとの間の距離として計算できます。1つのパターンからなるクラスタを考えればよいからです。図07-15の距離を定義している関数 d も、実は集合と集合との間の距離を定義するものです。クラスタとパターンとの間の距離については、1つのパターンのみからなる集合との距離として表現しています。

🌐 階層的クラスタリング

以上で述べた方法により、クラスタ間の距離を決定できるようになりました。階層的クラスタリングは、クラスタ間の距離に基づいてボトムアップにパターンをまとめ上げていく方法です（階層的という意味ではトップダウンにパターンを分けていく方法も考えられますが、計算量が膨大になりがちなので一般には実装されません）。

手続きを下記に示します。

❶ すべてのパターンをそれぞれ1つのクラスタと見なす
❷ 距離が近いクラスタ同士を1つのクラスタとしてまとめる
❸ 所望の結果になるまで繰り返す

クラスタ間の距離をどのように決めるかに応じて、手法に名前がつけられています。

- 最短距離法：方法❶によって最小値で距離を決めるものです。単連結法とも呼ばれます。
- 最長距離法：やはり方法❶で決めますが、最大値を採用するものです。完全連結法とも呼ばれます。
- 群平均法：これも方法❶で決めますが、平均値を採用するものです。
- 重心法：これは方法❷で決めます。

なお、クラスタ内の分散をもとにクラスタをまとめる方法もあり、Ward法と呼ばれています。クラスタ内の分散とは、1つのクラスタと見なせる集合の各要素について、そのクラスタの代表点との距離をもとに分散を計算したものです。そして、クラスタ内の分散の増加量が最も小さくなるようなクラスタ同士をまとめます。

SECTION-31 ● クラスタリング

非階層的クラスタリング

非階層的クラスタリングは、各パターンが属するクラスタをあらかじめ仮決めして、それぞれのクラスタの代表点からの距離をもとにして改めて各パターンが属するクラスタを決め直す方法です。以下に代表的な方法を2つ挙げます。

◆k-平均法

クラスタ数を k と仮定して、ランダムに各パターンが属するクラスタを仮決めします。次に各クラスタについてクラスタ内のパターンの平均ベクトルを代表点とします。さらに改めてすべてのパターンについて、各クラスタとの距離をもとにクラスタを割り当て直します。

以上の手続きを繰り返すと、クラスタの割り当てが変化するパターンの数が小さくなっていくので、一定よりも小さくなったときに収束したと見なして、その結果をクラスタリングの結果とします。

この方法ではクラスタ数 k もあらかじめ決める必要があり、適切な決め方もいくつか提案されておりますが、本書では詳細は割愛します。

◆混合分布推定

「可視化」の章で示した混合分布推定もクラスタリングの1つの手法です。k-平均法と同様にクラスタ数をあらかじめ決めて、ランダムに各パターンが属するクラスタを仮決めします。次に各クラスタの確率密度関数を推定して、各パターンの尤度をもとにクラスタを割り当て直します。

多くの場合で、各クラスタが正規分布に従うものとして混合正規分布を仮定します。さらに各クラスタの分散共分散が等しいこと（等分散性）を仮定する場合もあります。

再考：マハラノビス汎距離

マハラノビス距離はクラスタとパターンとの間の距離で、パターンとパターンの間の距離ではありません。

クラスタの代表点（平均）からの距離が、このパターンが属するクラスの多次元正規分布についての尤度と対応するので、マハラノビス距離が等しい点（下図の2点）同士の尤度が等しいとはいえますが、代表点以外の2点間の距離については必ずしも意味があるとはいえません。

◉ 図07-17 マハラノビス距離

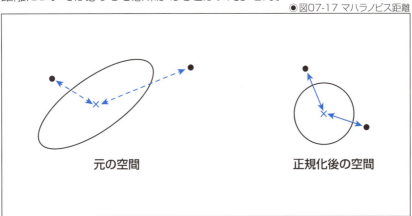

しかしながら、2つのパターンが同一のクラスタに属すると仮定したときは、分散共分散で正規化した距離を考えることに合理性はあります。たとえば、下図の3点はもとの空間では互いに異なる距離にありますが、マハラノビス汎距離では（同じクラスタに属していると仮定すると）互いに同程度離れています。

◉ 図07-18 マハラノビス汎距離

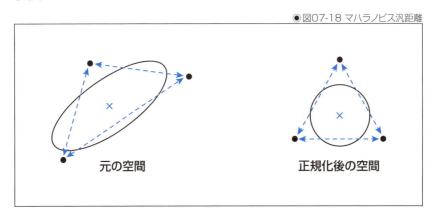

また、2つのパターンが別々のクラスタに属する場合でも、各クラスタの分散共分散が等しいと仮定（等分散性を仮定）したならば、やはり分散共分散で正規化した距離に意味があるでしょう。たとえば、下図の3点はもとの空間では互いに等しい距離にありますが、マハラノビス汎距離では同じクラスタに属する点間の距離は近く、異なるクラスタに属する点間の距離は離れています。

●図07-19 等分散性を仮定した場合

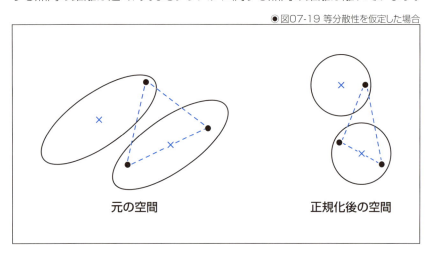

マハラノビス汎距離に意味があるのは以上のいずれかの仮定が妥当である場合です。

なお、ここまでお読みになって読者の方々も実感があると思いますが、マハラノビス距離とマハラノビス汎距離については用語の混乱があり、特に本書でマハラノビス汎距離と呼んでいるものを「マハラノビス距離」としていたり、この2つの用語を同義で用いていたりする文書が散見されます。やむを得ませんので、都度、定義を確認したほうがよいと思います。

SECTION-32

みにくいアヒルの子の定理

　本章の締めくくりとして、「**みにくいアヒルの子の定理**」をご紹介します。これは情報科学者の渡辺慧氏が提唱したもので、「すべての区別がつくもの同士の距離は等距離となる」ことを説明するものです。以下、渡辺慧氏の著書『認識とパタン』[20]から引用します（ちなみに原書では「醜い家鴨の仔の定理」と表記されています）。

> 二つの物件の区別がつくような、しかし、有限個の述語が与えられたとき、その二つの物件の共有する述語の数は、その二つの物件の選び方によらず一定である

　この命題は前述の参考文献の中で「すべての二つの物件は、同じ度合いの類似性を持っている」と言い換えられています。具体的な証明については（手に入りにくいのですが）上記文献をご覧いただくことにして、本節ではあらましを述べたいと思います。

　なお、ここでいう「述語」は論理学の述語論理における用語で、たとえば「○○は××である」といったときの「××である」の部分すべてを指します。国文法の用語としての「述語」とは意味が違います（国文法においては上記の例では「ある」が述語になります）のでご注意ください。

◈ 直感と反する命題

　『みにくいアヒルの子』という童話は、アヒルの子の群に1羽だけ別の種の個体が混じっていたという話です。「みにくいアヒルの子の定理」によれば、『「あるアヒルの子」と「みにくいアヒルの子」との違いは、「あるアヒルの子」と「別のアヒルの子」との違いと「同程度」』となります。

　下図はアヒルではなくガチョウの写真ですが、ほとんどの個体が白い中に1羽だけ柄のある個体がいます。この個体と他の個体との違いが、他の個体同士の違いと同程度というのですが、これは明らかに直感と反します。

SECTION-32 ● みにくいアヒルの子の定理

●図07-20 東武動物公園のガチョウ(シナガチョウ)

🌐 「みにくいアヒルの子」はどれか

考えやすい例を挙げます。下図をご覧ください。

●図07-21 3つの図形

　この中で「みにくいアヒルの子」はどれかと聞かれたとします。目立つ特徴は外側の形状なので、一見すると一番右の図形が該当しそうに見えます。しかし、内側の形状に着目すると真ん中の図形だけが異なります。一番左の図形は他の図形の両方と共通点を持っていますが、鳥と動物とコウモリのイソップ童話を思い出すと、むしろこの図形こそが排斥の対象かもしれません。なるべく主観を排して判別できないものでしょうか。

⊕「みにくいアヒルの子の定理」の直感的理解

提示した図形は外側の形状と内側の形状とで特徴づけられています。ここで考えられるパターンを下図のように列挙してみます。

●図07-22 4つの図形

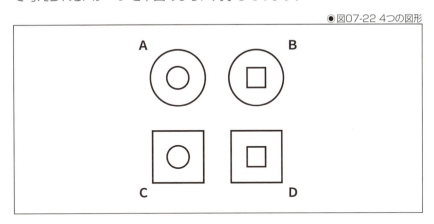

これらを「主観を排して2つずつグループに分けなさい」と指示されたとき、どのように分けるのが妥当でしょうか。

外側の形状に基づけば、上下に分けることができそうです。対称的に内側の形状に着目すれば、左右に分けることができます。もう1つ、外側の形状と内側の形状が揃っているかどうかに着目すれば、斜めに分けることもできます。

以上をまとめると、分け方は次の通りになります。

❶「外側が丸い(か否か)」
❷「内側が丸い(か否か)」
❸「外側と内側とが同様(か否か)」

●図07-23 3つの分け方

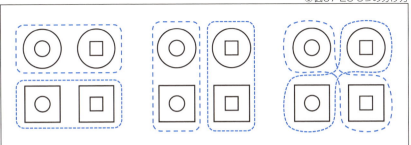

「主観を排して」という観点からすれば、この3つの分け方のどれが正しいということはなく、どの分け方も等しく扱うべきです。

SECTION-32 ● みにくいアヒルの子の定理

⊕ パターン間の距離を測る

この考え方に基づいて4つの図形のパターンを表現してみましょう。各条件について、成り立てばT(true)、成り立たなければF(false)としました。

●表07-02 4つの図形のパターン

	❶	❷	❸
A	T	T	T
B	T	F	F
C	F	T	F
D	F	F	T

ハミング距離で距離行列を得ると次のようになります。

●表07-03 距離行列

	A	B	C	D
A	0			
B	2	0		
C	2	2	0	
D	2	2	2	0

何と、すべてのパターン間の距離が2です。

⊕ すべての述語を列挙する

以上の例では、考えられるパターンが「2つずつに分かれる」ような3つの述語を考えましたが、他の場合ではどうでしょうか。

まず「外側も内側も丸い」のような「1つと3つに分かれる」述語も考えられて、これは4つあります。また、トポロジカルには上記の図形はすべて同じ(同相)ですから、「分かれない」述語も考えられて、これは1つです。そして「○○である」という述語が考えられるときには同時に「○○でない」という述語が考えられますので、さらに倍になります。

これらをすべて列挙すると次のようになります。

●図07-24 すべての述語

	2つずつに分かれる			1つと3つにに分かれる				分かれない	さらに倍 (①から⑧の否定)							
	①	②	③	④	⑤	⑥	⑦	⑧	⑨	⑩	⑪	⑫	⑬	⑭	⑮	⑯
A	T	T	T	T	F	F	F	F	F	F	F	F	T	T	T	T
B	T	F	F	F	T	F	F	F	F	T	T	T	F	T	T	T
C	F	T	F	F	F	T	F	F	T	F	T	T	T	F	T	T
D	F	F	T	F	F	F	T	F	T	T	F	T	T	T	F	T

2つのパターンについていずれもTになっているのが「共有する述語」です。そのような述語はどの2つのパターンを選んでも4つずつあります。これが「その二つの物件の共有する述語の数は、その二つの物件の選び方によらず一定である」すなわち「すべての二つの物件は、同じ度合いの類似性を持っている」という状況です。

🌐 再考：「みにくいアヒルの子」はどれか

ここで改めて（Dが欠けている）下図の例で「みにくいアヒルの子」はどれかを考えてみましょう。

● 図07-25 3つの図形（再掲）

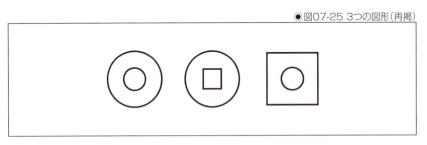

ここまでの説明で示した通り、どの2つのパターンを選んでも共通する述語が4つずつあることに変わりはありません。したがって特にどれが「みにくいアヒルの子」ということはできません。

🌐 「距離の測り方が悪いのでは？」

ここで「連続値の変量を導入すればこうはならないのではないか？」という疑問が浮かびます。たとえば仙台通宝は、内側はともかく外側は角が丸い四角ですから、「四角い度合い」は0.9くらいな気がします。1.0と0.9と0.0とでは、1.0と0.9のほうが「近い」ですね。

それでは「四角い度合い」を表すために連続値を許すことにしましょう。ただ、コンピュータでは連続値をそのままでは扱えませんから、32bit浮動小数点型で表すことにします（ここで「何だか雲行きが怪しくなってきたな」と思った方もおられることでしょうが、説明を続けます）。

1.0、0.9、0.0を32bit浮動小数点型で表したときのビット列はそれぞれ次のようになります。なお0bは2進数で表現された数値リテラルを意味します。

```
1.0 0b0011111110000000000000000000000
0.9 0b0011111101100110011001100110
0.0 0b0000000000000000000000000000000
```

このビット列についてハミング距離を測ってみると、1.0と0.9では13で、1.0と0.0では7ですから、1.0と0.0のほうが「近い」ということになります。

「なぜ素直に絶対値で測らないのか？」という疑問は当然に湧くことと思いますが、コンピュータの中では上記のビット列で表現されています。また、値のどの桁が重要であるかは場合によります。たとえば、宝くじの番号では上2桁より下2桁のほうが重要です。あくまで主観を排しようとすると、上記の4つの図形の場合と同様に各ビット（桁）を同等に扱わなければなりません。

そもそも「みにくいアヒルの子の定理」は、とにかくすべての述語を考えるならば共有する述語の数は一定になるという定理ですから、この前提に立つ以上、浮動小数点型で表現されたパターン同士の距離を測ったところで、距離はいずれも一定です。

🌐 結局、何が言いたいのか

紙幅を費やして「みにくいアヒルの子の定理」をご紹介した理由は、パターン間の距離について考えるときは「人間の価値観から逃れられない」ということを述べたかったからです。

すべての主観を排してすべての述語を考慮すると、すべてのパターン間の距離が等しくなってしまいます。人間にとって意味のあるパターン認識をするためには、何らかの価値観にしたがって述語に重みづけをしなければなりません。——と、いうよりむしろそのような重みづけを人間は自然に行っているので、特に混乱しないでパターン認識ができています。

一方で、この定理は「任意のものについて、それらを識別する述語を定義しうる」ということも同時に示しています。述語に「適切に」重みづけすることで、任意のパターンを「みにくいアヒルの子」とすることができるのです。

このことについては「技術者倫理」の章でまた改めて触れますので、心に留めておいていただきたいと思います。

ひとさじの砂糖

　『メリー・ポピンズ』は往年のミュージカル映画の1つです。数々の名曲がありますが、そのうちの1つに「お砂糖ひとさじで(A Spoonful of Sugar)」という歌があります。苦い薬もひとさじの砂糖があれば難なく飲める云々という内容の歌です。

　英語では「飲み込みやすくする」という意味合いでsugarという単語を使うようです。プログラミング言語において、難解な構文と等価で、よりわかりやすい構文があるとき、それを「syntax sugar」と呼びます。

　C言語の配列とポインタが好例です。変数aが配列として初期化されているとき、次の書き方のいずれでもi番目の要素にアクセスできます。

```
a[i]; /* syntax sugar */
*(a + i); /* 等価な表現 */
```

　配列の構文は、ポインタがわからなくても使えて、何よりわかりやすいという点で優れています。もっとも「配列とポインタは本質的には同じもので、定数か変数かの違いしかない」ということが理解されにくいという弊害はありますが、わかりやすさの前では些細なことです。

　さて、本題です。

　丸と四角からなる図形を使った説明で、納得しやすくするために本文ではあえて「丸以外」の形の代表として四角を選びましたが、原理的には「丸以外」ならどんな形でもよいことになります。それを具体的に四角で書いたのは「みにくいアヒルの子の定理」を飲み込みやすくするための「ひとさじの砂糖」に過ぎないという点にご注意ください。

SECTION-33

本章のまとめ

　実際にデータマイニングエンジニアが本格的なパターン認識のタスクに携わることは希で、次章以降の「多変量解析」や「時系列解析」、「指標を考える」の各章で述べるようなことが主な業務になるでしょう。

　しかしながら、計算機科学の文脈においてパターンという用語を用いる以上、パターン認識の話題からは逃れられません。本章ではパターン認識の導入部分を非常に簡単に述べました。本書全体を通じていえることですが、理論や実践というより心構えに相当することを丁寧に書いたつもりです。

　参考文献としては、本文で挙げた『認識とパタン』[20]が、平易でありながら本質的で一番お勧めなのですが、現在は絶版であるようです。

　きちんと学びたい人にとっては、初学者向けでは文献[21]が、専門家を目指す方にとっては文献[22]が、古くから定番でいまも変わりないようです。後者については現在、有志による副読本[23]が公開されていて大変に有用です。

　もう1つ、文献[24]が腰を据えて勉強するにあたって非常によいのですが、普通の意味では絶版で、現在は版元からはオンデマンド印刷でしか提供されておらず、若干ながら高価です。何かの拍子で復刊することを期待しながら、ここに参考文献の1つとして挙げさせていただきます。

🌐 本章の参考文献

[19] 藤子・F・不二雄「仙人らくらくコース」,『藤子・F・不二雄大全集ドラえもん』, 第17巻, pp.333-345, 2012.

[20] 渡辺慧『認識とパタン』, 岩波新書, 岩波書店, 1978.

[21] 石井健一郎・前田英作・上田修功・村瀬洋『わかりやすいパターン認識』, オーム社, 1998.

[22] C. M. ビショップ（著）・元田浩・栗田多喜夫・樋口知之・松本裕治・村田昇（監訳）『パターン認識と機械学習: ベイズ理論による統計的予測　上・下』, シュプリンガー・ジャパン, 2007.

[23] 光成滋生『パターン認識と機械学習の学習普及版』, 暗黒通信団, 2017, URL:https://herumi.github.io/prml/

[24] 麻生英樹・津田宏治・村田昇
『パターン認識と学習の統計学：新しい概念と手法』,
統計科学のフロンティア; 6, 岩波書店, 2003.

CHAPTER 08
多変量解析

>>> **本章の概要**

　この章では複数の変数からなる多変量データを分析するための手法である「多変量解析」について述べます。多変量データとは、たとえば、各科目のテストの点数や身長・体重・視力などの身体情報などです。本章では2つの変数の関係を分析する「相関分析」、すべての変数の関係を分析する「主成分分析」、各変数が結果に及ぼす効果を分析する「一般化線形モデル」の3つの分析手法について解説します。最後に一般化線形モデルを題材に、変数が多いことの問題点と変数の選び方「モデル選択」について説明します。

SECTION-34

多変量データの課題

　表08-01に8人の学生の5科目のテストの点数を示します。これを見てどのようなことがわかるでしょうか？ 「学生番号5の学生は全体的に高い点数を獲得している」「国語が得意な学生は英語も得意そう」ということがなんとなく見えてくるかもしれません。では学生が100人の場合はどうでしょうか？ もはや表を見て傾向を導き出すことは困難でしょう。

◉表08-01 多変量データの例。テストの点数

学生番号	国語	英語	数学	理科	社会
1	64	52	54	57	83
2	74	81	62	72	81
3	72	56	72	60	67
4	61	68	62	69	59
5	77	71	82	76	84
6	45	61	52	73	54
7	83	93	61	56	83
8	69	66	66	60	55

　変数の数（科目の数）が1つや2つ、データの数（学生数）が10個であれば表を頑張って読むことで傾向がつかめるかもしれません。しかし、変数の数が多く、データの数が増えてしまうと人間の処理能力を超えてしまいます。そのような多変量のデータから知見を導き出す手法が多変量解析です。

SECTION-35

相関分析

「**相関**がある」とは2つの変数の変化が互いに連動しているということをいいます。このとき、必ずしも一方の変数の変化が他方の変数の変化の原因になっているといった因果関係は必要とされません。

前節のテストの点数の相関を分析してみましょう。2つの変数間の関係を観察するには「可視化」の章で紹介した**散布図**が便利です。

図08-01に国語と英語、英語と理科の散布図を示します。国語の点数が高い人は英語の点数も高いこと、英語の点数と理科の点数はあまり関係がなさそうなことがわかります。

●図08-01 散布図の例

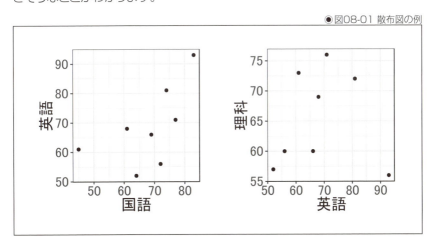

さて科目数は全部で5つあります。図08-01のように1つひとつ見てもいいですが、すべての関係をまとめて表示できると便利でしょう。そのような図を**散布図行列**といいます。それを図08-02に示します。各行・列にはそれぞれの科目に対応する散布図が描画されています。このように散布図行列を使うことで多変量データを容易に概観することができます。

SECTION-35 ● 相関分析

●図08-02 散布図行列

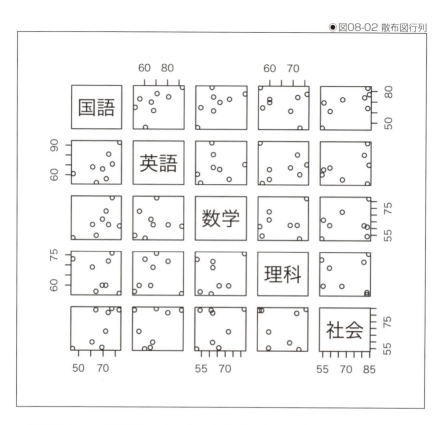

　可視化によって概観したところで変数間の関連を定量化してみましょう。データ間の関連を示す指標の1つを**相関係数**といいます。相関係数 r は一方が大きいときに他方も大きい場合は $r > 0$ になり、正の相関があるといいます。逆に一方が大きいときに他方が小さい場合は $r < 0$ になり、負の相関があるといいます。それぞれ n 個のデータである科目1と2の点数の相関係数は次式で定義されます。

$$r = \frac{\sum_{i=1}^{n}(x_{1i} - \bar{x}_1)(x_{2i} - \bar{x}_2)/n}{\sqrt{\sum_{i=1}^{n}(x_{1i} - \bar{x}_1)^2}\sqrt{\sum_{i=1}^{n}(x_{2i} - \bar{x}_2)^2}/n}$$

　ここで $\bar{x}_1, \bar{x}_2$ はそれぞれ科目 $1, 2$ の平均値です（ $\bar{x}_k = 1/n \sum_{i=1}^{n} x_{ki}$ ）。右辺の分子は各科目 $1, 2$ の**共分散**です。共分散とは平均 $\bar{x}_1, \bar{x}_2$ からの偏差（それぞれ $x_{1i} - \bar{x}_1$, $x_{2i} - \bar{x}_2$ ）の積の平均値です。すなわち科目1と2の点数が連動して平均より大きければ（小さければ）大きな値（小さな値）になります。

分母は科目1と2の標準偏差の積で、それぞれの変動の幅で共分散を割ることで正規化しています。これによって相関係数は -1 から 1 の値を取ることになり、異なるスケールの変数間の相関の強さを比較することができます。

●表08-02 テストの点数の相関係数

	国語	英語	数学	理科	社会
国語	1.000	0.599	0.595	−0.307	0.686
英語	0.599	1.000	0.108	0.053	0.379
数学	0.595	0.108	1.000	0.255	0.244
理科	−0.307	0.053	0.255	1.000	−0.099
社会	0.686	0.379	0.244	0.099	1.000

前出のテストの点数データの各科目間の相関計数を計算したものを表08-02に示します。図08-02に示した各変数間の関係性が定量化されていることがわかります。

相関係数は2つの変数の増減が連動していることを評価します。したがって、ある変数の組み合わせ x_1 と x_2 が非線形な関係だと正しく評価できないことがあります。たとえば、$x_2 = x_1{}^2$ という関係がある場合、明確な関係があるにもかかわらず相関係数は 0 になってしまいます。そのためには散布図（行列）によって変数と変数がどのような関係で、その関係を評価するのに相関係数が適切であるかどうかを考えておく必要があります。

SECTION-36

主成分分析

　前節の相関分析では2つの変数の関係を分析しました。本節以降では3つ以上の変数の関係を分析する手法を紹介します。

　変数の数が多いときの問題の1つが可視化です。我々が視覚的に理解できるのは3次元までであり、また(回転などの操作を伴わず)完全に図表で表現できるのは2次元までです。そこでできるだけ情報を損なわず低次元に情報を**縮約**することを考えます。

　ではここで考えたい情報とは何でしょうか？ テストの点数の例でいえば学生間の違いがよくわかることでしょう。そこで学生間(項目間)の分散が大きいことが情報が多いと考えましょう。たとえば学生間でまったく同じ点数の科目がある場合、その科目は学生の得手不得手などについて何も説明することができません。**主成分分析**は項目間の分散が大きくなる軸(**主成分**; PC: Principal Component)を順に探す手法です。

● 分析結果

　まずはテストの点数について主成分分析をした結果を見てみましょう。表08-03に各主成分軸の係数を示します。第1主成分は最も学生間の分散が大きい軸で、第2主成分はその次に分散が大きく、第1主成分と直交な軸です。したがって、第1、第2主成分を軸として表08-01のデータを描画することで、ある程度の情報を保った状態で可視化できるはずです。

●表08-03 テストの点数の主成分

科目	第1主成分	第2主成分	第3主成分	第4主成分	第5主成分
国語	0.572	−0.158	0.118	−0.425	−0.673
英語	0.527	0.805	0.086	0.027	0.257
数学	0.235	−0.384	0.743	−0.102	0.485
理科	−0.050	0.103	0.469	0.747	−0.456
社会	0.581	−0.410	−0.455	0.500	0.194

●図08-03 第1、2主成分における各科目の係数

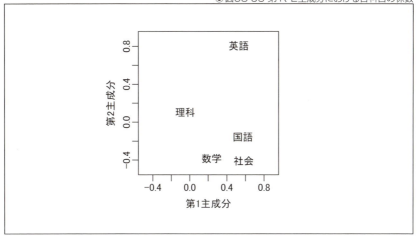

　では各主成分は何を表すのでしょうか？ 第1、第2主成分の係数を使って各科目を描画したものを図08-03に示します。第1主成分の係数を見てみましょう。社会、国語、英語の係数が大きいことがわかります。したがって第1主成分は「文理軸」であるといえます（第1主成分の値が大きい学生ほど文系科目の点数が高い）。次に第2主成分を見てみましょう。係数の絶対値は英語が際立って大きく、次いで社会・数学が大きくなりました。社会・数学は負の値なので「英語が得意で社会・数学が苦手/英語が苦手で社会・数学が得意」の軸が学生のテストの点数について説明力が高そうであるといえます。

　表08-04に学生の各テストの点数の主成分の値（**主成分得点**）を計算したもの、図08-04に第1、第2主成分について学生の主成分得点を描画したものを示します。学生2、5、7は文系科目が得意、学生4、6、8は理系科目が得意であること、学生1、3、5は英語が苦手であることがわかります。第1主成分に関する主成分得点 z_1 は次のように計算します（ $x'_1, x'_2, \ldots, x'_5$ はそれぞれ学生の国語、英語、数学、理科、社会の点数を中心化（平均を0に）したもの、各係数は第1主成分軸の係数（表08-01参照））。

$$z_1 = 0.579x'_1 + 0.527x'_2 + 0.235x'_3 - 0.050x'_4 + 0.581x'_5 + \bar{x}_1$$

SECTION-36 ● 主成分分析

●表08-04 学生の主成分得点

学生番号	第1主成分	第2主成分	第3主成分	第4主成分	第5主成分
1	−5.838	−14.727	−18.742	2.177	−0.050
2	15.129	6.337	−1.174	8.099	−2.686
3	−4.369	−12.817	4.600	−8.700	−0.153
4	−11.787	6.636	4.767	0.047	−0.177
5	17.825	−10.695	13.686	9.009	1.185
6	−30.082	9.834	−1.004	8.172	1.149
7	28.322	12.494	−8.239	−6.263	1.540
8	−9.200	2.937	6.107	−12.540	−0.807

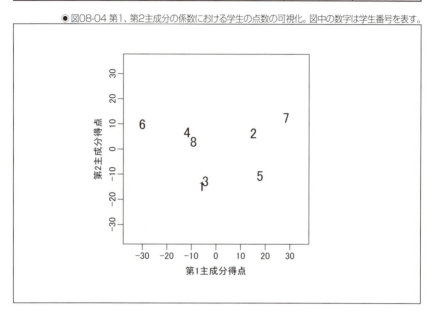

●図08-04 第1、第2主成分の係数における学生の点数の可視化。図中の数字は学生番号を表す。

⬢ 主成分の計算

ここまでは主成分分析によって何がわかるかについて見てきました。では主成分（分散が大きい軸）はどのように求めればいいのでしょうか？ 主成分（表08-03）を $p \times p$ の行列 A（ p は科目数、各要素は a_{ij} と書く）、学生の点数データ（表08-01）を $p \times n$ の行列 X（ n は学生数、各要素は x_{ij} と書く）で表すとすると、主成分得点 Z（ $n \times p$ の行列; 表08-04）の計算は次のように書くことができます。

$$Z = AX$$

各主成分得点の分散（ $\{z_{1i}, z_{2i}, \ldots, z_{ni}\}$ の分散）をただ大きくしようとすると a_{ij} をとにかく大きくすればいいことになってしまいます。そこで a の二乗の和の制約（ $\sum_i^p a_{ij}{}^2 = 1$ ）のもとで z_j の分散を最大化することを考えます。また、各主成分が直交していること、すなわち主成分の内積が 0（ $\sum_i^p a_{ij} a_{ik} = 0$ ）も制約とします。これは学生の点数データ $X = (\boldsymbol{x}_1, \boldsymbol{x}_2, \ldots, \boldsymbol{x}_n)$（ X は $p \times n$ の行列）の分散共分散行列（ $(X'^\top X')/n$ ）の固有値問題に帰着します（ X' は中心化した X ）。分散共分散行列とは対角要素に各要素の分散（2行2列目であれば英語の点数の分散）、非対角要素には対応する2つの変数の共分散（3行4列目であれば数学と理科の共分散）を持つ行列です。

　また、主成分分析とよく似た方法に**因子分析**というものがあります。因子分析については参考文献[25, 26]などをご参照いただくとよいかと思います。この手法の使い道は主成分分析とよく似ており多変数の次元の縮約ですが、縮約した次元は直交している必要性はありません（直交した軸を求めることもできます）。

SECTION-37

一般化線形モデル

　本章ではここまで変数間の関連を分析する手法を紹介してきました。この節では少し考え方を変えて、ある変数と他の変数の関連や影響について考えてみましょう。このようなある変数（**説明変数**）と特定の変数（**被説明変数**）の関連の分析を**回帰分析**といいます。回帰分析の代表的なモデルの1つが**一般化線形モデル**（GLM: Generalized Linear Model）です。たとえば、表08-01のテストの点数（ここでは期末テストの結果としましょう）とTOEICの点数の関連、高校3年間で担当した委員の回数、とある大学受験の合否などです。

⊕ 正規分布を仮定したモデル

　まずテストの結果とTOEICの関係を分析しましょう。これは何を分析するものなのでしょう？　ここでは仮説として「TOEICは英語のテストなので基本的にはテストの英語の点数に比例する。ただし、それだけでなく他の科目の知識も必要とする」というものを考えます。たとえば、TOEICの長文読解では数学に関する話題は出てきにくいですが、科学や国際情勢など理科・社会の知識と関連がある話題が出てくるため、それに関する知識が得点に影響しうるというものです。このようなことについて表08-05のデータを使って知見を得ようとするのが次のモデル式（**回帰式**）です。

$$y \sim \text{Normal}(\mu, \sigma)$$

$$\mu = \beta_0 + \beta_1 x_1 + \beta_2 x_2 + \beta_3 x_3 + \beta_4 x_4 + \beta_5 x_5$$

●表08-05 学生のテストの点数（表08-01）に被説明変数としてTOEICの点数を追加したデータ

学生番号	国語	英語	数学	理科	社会	TOEIC
1	64	52	54	57	83	541
2	74	81	62	72	81	690
3	72	56	72	60	67	547
4	61	68	62	69	59	591
5	77	71	82	76	84	651
6	45	61	52	73	54	560
7	83	93	61	56	83	756
8	69	66	66	60	55	582

SECTION-37 ● 一般化線形モデル

ここで被説明変数 y はTOEICの点数、説明変数 x_i は期末テストの科目 i の点数、β_i は科目 i の重み(**偏回帰係数**)、$\mathrm{Normal}(\mu, \sigma)$ は平均 μ、標準偏差 σ の**正規分布**です。すなわちこの式はTOEICの点数 y は期末テストの点数の重みつき和を平均 μ (**線形予測子**)とした正規分布に従うというモデル(仮説)を表しています(σ は標準偏差)。正規分布を仮定した一般化線形モデルを使った分析は**重回帰分析**とも呼ばれます。

このモデルが妥当であれば、データを最もよく説明できる偏回帰係数 β_i を求めることで、TOEICの得点に影響を与える知識領域(科目)がわかるということです。そのような偏回帰係数 β_i は**最尤推定**で求めることができます(最尤推定については「統計学の基礎」の章を参照のこと)。学生 i の線形予測子を μ_i、被説明変数を y_i と書くと尤度 L は次のようになります。

$$L = \prod_{i=1}^{8} \mathrm{Normal}(\mu_i - y_i, \sigma) = \prod_{i=1}^{8} \frac{1}{\sqrt{2\pi\sigma^2}} \exp\left(-\frac{(\mu_i - y_i)^2}{2\sigma^2}\right)$$

この尤度 L に基づく最尤推定は指数部の $(\mu_i - y_i)^2$ を見ればわかる通り、正規分布を仮定した一般化線形モデルは μ_i と y_i の差(すなわち誤差)の二乗を最小化しているともいえます。このような誤差の二乗を最小化する方法を**最小二乗法**といいます。

◆ 分析結果

TOEICに関する回帰分析の結果を表08-06に示します。回帰係数が前述の回帰式の β_i に対応します。標準誤差とは回帰係数 β_* の推定値 $\hat{\beta}_*$ の標準偏差を表します。この標準誤差を使って**帰無仮説**「回帰係数 $\beta_* = 0$」に対する t 検定(平均値の差の検定)を施した結果として、t 値と p 値を示しました(検定については「統計学の基礎」を参照のこと)。なお、*,** はそれぞれ5% **有意水準**(p 値が0.05以下)、1% 有意水準(p 値が0.01以下)において有意であることを示します。

●表08-06 回帰分析の結果

変数名	回帰係数	標準誤差	t 値	p 値
切片(β_0)	172.3668	30.9273	5.573	0.03072 *
国語(β_1)	-1.0396	1.0487	-0.991	0.42602
英語(β_2)	5.5295	0.4305	12.844	0.00601 **
数学(β_3)	0.8979	0.7706	1.165	0.36414
理科(β_4)	-0.4964	0.7370	-0.674	0.57002
社会(β_5)	1.5481	0.3545	4.368	0.04863 *

SECTION-37 ● 一般化線形モデル

では回帰分析の結果を解釈していきましょう。ここでは5%有意水準（p値が0.05以下）を採用して英語（β_2）と社会（β_5）の回帰係数を評価します。β_2は5.5295となってます。これは英語の点数が1点高い人は、TOEICの点数は平均して5.5295点高いことを表します。また、社会で1点高い人は、TOEICは平均して1.5481点高いということを表します。これはTOEICの設問を理解する上で社会（政治・経済など）に関する知識が役立ったのかもしれません。

⊕ 二項分布を仮定したモデル

ここまでは被説明変数 y を正規分布でモデル化する方法について述べてきました。次に y を他の分布でもモデル化することを考えましょう。

y の分布に適切なものを選ぶことは適切なモデル化のために最も重要なことの1つです。GLMによる分析は y というデータがどのように生成されるのかを説明変数を使って記述することによって知見を得ようとすることだからです。このようなモデルを構築する考え方については文献[27,28]がお勧めです。

まずは y を**二項分布**でモデル化してみましょう。ここでは例として各学生が y を n 回模試を受けたときに、N大学J学部でA判定を取る回数としましょう。そのように考えると y は次のようにモデル化することができます。

$$y \sim \mathrm{Binomial}(n, p)$$
$$\mathrm{logit}(p) = \beta_0 + \beta_1 x_1 + \beta_2 x_2 + \beta_3 x_3 + \beta_4 x_4 + \beta_5 x_5$$

これは $\mathrm{Binomial}(n,p)$ は二項分布、p はA判定を取る確率、n は試行数を表します。実際には模試の結果を受けて学生は勉強をしたり、重視する科目を変えたりするので各試行は独立ではないですが、ここでは n 回の模試の結果は独立であるとします。

$\mathrm{logit}(p)$ は $\log \frac{p}{1-p}$ という形を取る関数で**ロジット関数**と呼ばれます。右辺（$(-\infty, \infty)$）の値を確率 p が $(0,1)$ に収めることができます。このように線形予測子をモデル化したい分布のパラメータに合わせるために使う関数を**リンク関数**と呼びます。

上記のようにして模試の結果に関するテストの点数の影響を知ることができます（分析結果の出力としては表08-06と同様です）。また、試行数 $n=1$ という特殊な場合は**ロジスティック回帰**と呼ばれていて頻繁に利用されます（たとえば、大学入試の合否など y が2値の場合）。

ポアソン分布を仮定したモデル

次に y を**ポアソン分布**でモデル化してみましょう。y の最大値が決まっておらず正の整数の場合にポアソン分布が用いられます。たとえば、欠席日数、持っている本の冊数などです。そのような場合、次のようにモデル化できます。

$$y \sim \mathrm{Poisson}(\lambda)$$
$$\log \lambda = \beta_0 + \beta_1 x_1 + \beta_2 x_2 + \beta_3 x_3 + \beta_4 x_4 + \beta_5 x_5$$

これは $\mathrm{Poisson}(\lambda)$ はポアソン分布、λ はポアソン分布の平均値と分散です。その λ を線形予測子で推定します。ポアソン分布の定義域は正の整数なので、線形予測子が $[0, \infty)$ となるようにリンク関数には $\log$ がよく使われます。

ポアソン分布は平均値と分散が等しいという制約の強い分布です。したがって、分散が非常に大きいデータ(たとえば、収入や友人数)をモデル化するには不向きです。そのような場合には**負の二項分布**が便利です。負の二項分布はポアソン分布の λ が確率的に変動し、それがガンマ分布に従うことを仮定した分布です(詳細は文献[29]を参照のこと)。

SECTION-38

モデル選択

　前節では一般化線形モデルを使った分析について解説してきました。TOEICの点数に関する分析ではTOEICに関連する科目（英語など）、関連するとはいえない科目（理科など）があることがわかりました。この「関連するとはいえない科目」は一般化線形モデルの説明変数に入れるべきなのでしょうか？　実はどの変数をモデルの説明変数として採用して、どの変数を採用しないかは分析において非常に重要なことです。変数の選び方によって分析結果が変わってしまう場合もあります。本節ではその問題点と対策について解説します。このような複数のモデルの中から適切なものを選ぶことを**モデル選択**といいます（このデータは模擬データなのでこの分析結果や解釈に意味はありません）。

　モデル選択の例としてTOEICの点数に関する一般化線形モデルについて再び考えてみましょう。5科目のテストの点数以外にも、TOEICの点数に関係ありそうなもの・関係なさそうなものがさまざまな可能な説明変数が思い浮かびます。たとえば、体育や家庭科など、他の科目の点数、過去にTOEICを受けたことのある回数、名前の五十音順、好きな色などです。

●表08-07 表08-05に0から100の乱数を追加したデータ

学生番号	国語	英語	数学	理科	社会	乱数	TOEIC
1	64	52	54	57	83	36	541
2	74	81	62	72	81	54	690
3	72	56	72	60	67	13	547
4	61	68	62	69	59	58	591
5	77	71	82	76	84	41	651
6	45	61	52	73	54	31	560
7	83	93	61	56	83	77	756
8	69	66	66	60	55	92	582

　ここでは「まったく関係のない説明変数」として0から100の一様乱数を説明変数として加えたいと思います。表08-07にそれを示します。これはTOEICの点数とはまったく関係のない乱数ですので説明変数として採用するべきではありません。ところが尤度は乱数を説明変数として加えたほうが大きくなってしまう（モデルのデータに対する当てはまりがよくなる）のです。乱数を追加する前の対数尤度は−19.56ですが、追加した後の対数尤度は−19.44です。

🌐 バイアスとバリアンス

　実は乱数データを1つだけでなく2つ、3つと増やしていくと当てはまりは良くなっていきます。では乱数データをたくさん持つデータに良く当てはまっているモデルはいいモデルなのでしょうか？　そうではありません。この当てはまりの良さは5科目の点数でTOEICの点数を説明できない要因（過去にTOEICを受けたことのある回数やただのノイズ）とたまたま相関があったに過ぎないからです。たまたま発生した乱数がたまたまこの8人のデータに限ってうまくいっただけですので、表08-07のデータに基づくモデルを使って、同じ学校の他の学生について5科目の点数と乱数からTOEICの点数を予測しようとするとうまくいきません。また、同じ学校の別の学生のデータから作ったモデルの乱数に関する回帰係数は（乱数なのでもちろん）まるで違うものになるでしょう。

　このような現象を**過学習**といい、過学習からくるモデルの不安定さを**バリアンス**といいます。ここでは原理的に非説明変数とまったく関係のない乱数を用いましたが、関係性の薄い「好きな色」や「血液型」などを説明変数として用いても同様の現象が発生します。一般に説明変数が多ければ多いほどバリアンスは増大してしまうのです。

　したがって、できるだけ説明変数の少ないモデルで、かつ、データをよく説明できるモデルを作ることが重要になります。ところが説明変数を減らすほど、今度はモデルの当てはまりが悪くなってしまいます。TOEICと最も関連の深そうな英語の点数だけでTOEICの点数を説明することを考えましょう。両者には強い関係性があるので大雑把には説明できそうです。しかし、「社会の知識が英文読解で役立つ」という重要な特徴は欠けてしまいます。その結果、その特徴に関する知見が得られないだけでなく、モデルの当てはまりも悪くなるでしょう。このようなモデルの性質によってデータが説明できないことを**バイアス**といいます。

　したがって、モデルを作る際には意味のない説明変数をできるだけ減らし（バリアンスを減らし）、本質的な説明変数はできるだけ残す（バイアスを減らす）必要があります。しかし、両者はトレードオフ関係にあるのでバランスの良いモデル選択が重要です。そのための方法として代表的なのがモデルの**情報量基準**の比較によるモデル選択（この場合は説明変数の選択）です。

SECTION-38 ● モデル選択

🌐 情報量基準

本節では最も基礎的な赤池情報量基準(AIC: Akaike Information Criteria)を紹介します。AICは次式で表されます。

$$\mathrm{AIC} = -2\log L + 2k$$

ここで L はモデルの尤度、k はモデルの自由パラメータ数(GLMであれば説明変数の数)です。このAICが小さいモデルが良いモデルとされます。したがって、AICでモデルを評価し、最もAICが小さいモデルを選ぶことで、良いモデルを手に入れることができます。表08-07の乱数を説明変数として採用するモデルと5科目の点数のみを使うモデルのAICはそれぞれ 54.874 と 53.113 です。すなわち乱数を説明変数として採用しない良いモデルを選ぶことができます。

まずはAICの式を見ながらAICと説明変数の数の関係について考えてみましょう。右辺第1項は対数尤度に -2 を掛けたものなので、値が小さいほどモデルのデータに対する当てはまりが良いことを表します。右辺第2項はパラメータ数に 2 を掛けたものなので、値が小さいほど説明変数が少ない、すなわち過学習しにくいモデルであることを表します。またデータの数(学生の数)が多いほど尤度 L は小さくなる(前節の確率の掛け算が増える)ため、データ数が増えるほどパラメータ数 k よりも尤度 L の影響度が大きくなっていきます。すなわちデータが多いほど、多くの説明変数を持つ当てはまりの良いモデルが選択されるということです。これは多くの要因を考慮できる(過学習しにくい)ことを表します。

AICはなぜこのような形になるのでしょうか? AICの $\log L - k$ は平均対数尤度の推定値です。平均対数尤度とは母集団からデータを n 個(TOEICの例では 8)取り出したときのモデルの尤度の期待値です。しかし、この期待値を求めるためにはありうるすべてのデータと発生頻度を知っている必要があります。言い換えると、神様しか知り得ない情報(真の分布)を知っている必要があり、人類には知ることはできません。対数尤度 $\log L$ は平均対数尤度に比べて大きくなる傾向にあります(過学習するため)。そのバイアスの近似するのが k で、対数尤度をその近似値で補正したのがAICです。それでは理科は説明変数に含めるべきなのでしょうか? AICを使って理科を含めたモデルと含めないモデルを比較してみてください。

AICによって最も良いモデルが選択できるかというと必ずしもそうではありません。そのため、ほかにも多くの情報量基準が提案されています（たとえばBIC、CIC、WAICなど）。情報量基準についてより学びたい方は参考文献[30]をご参照ください。

過学習の原因は本質的には関係ないノイズに対してモデルが無理やりデータにフィットしてしまうことです。したがって、回帰係数 β_i の合計値を小さく抑えることができれば、重要な説明変数（英語や社会）の回帰係数を削るわけにはいかないので、大きな寄与がない説明変数（たとえば乱数）の回帰係数は小さくなるでしょう。その結果、過学習は防げそうです。このような回帰係数を求める際に回帰係数の大きさに罰則をつけることは**正則化**と呼ばれ、情報量基準とともにモデル選択では頻繁に使われる手法です。詳細は参考文献[31]をご参照ください。

SECTION-39

本章のまとめ

　本章では多変量データを分析するための手法として、2変数間の関係性を把握・定量化する相関分析、多次元のデータの情報を少ない次元に縮約できる主成分分析、説明したい変数についての変数の影響度を知る一般化線形モデルを使った分析を紹介しました。多変量解析のための手法はほかにも多く存在しています。また、使いこなすためには本章で紹介した手法をさらに深く知る必要もあるでしょう。本章の文中でも触れましたが、そのためには次の参考文献が有用だと思います。

🌐 本章の参考文献

[25] 金明哲『Rによるデータサイエンス：データ解析の基礎から最新手法まで』, 森北出版, 第2版, 2017.

[26] 豊田秀樹（編・著）『因子分析入門：Rで学ぶ最新データ解析』, 東京図書, 2012.

[27] 久保拓弥『データ解析のための統計モデリング入門：一般化線形モデル・階層ベイズモデル・MCMC』, 確率と情報の科学, 岩波書店, 2012.

[28] 松浦健太郎（著）・石田基広（監修）『StanとRでベイズ統計モデリング（Wonderful R）』, 共立出版, 2016.

[29] 清水裕士「負の二項分布について」, 2015,
URL:https://www.slideshare.net/simizu706/ss-50994149

[30] 赤池弘次・甘利俊一・北川源四郎・樺島祥介・下平英寿（著）・室田一雄・土谷隆（編）『赤池情報量規準AIC: モデリング・予測・知識発見』, 共立出版, 2007.

[31] 岩波データサイエンス刊行委員会（編）
「岩波データサイエンス特集：スパースモデリングと多変量データ解析」, 2015.

CHAPTER 09
時系列解析

>>> **本章の概要**

　本章では時系列データの解析について述べます。本章の目的は、時系列データの解析を始めようとする初学者を対象として、必要な知識を紹介することです。本章では、その必要な知識を、時系列データの「図示」「標本統計量」「周期性」「単位根過程」「予測」という5つの要素に分解をしました。

　章末の参考文献リストには、本章を読み終わった後に時系列解析をさらに学ぶためのテキストを記載しました。本章では、そうした文献への橋渡しができればと考えています。

SECTION-40

時系列データについて

　本章では、時系列データを扱った分析について述べます。**時系列データ**とは、「ある現象について時点ごとに観測して得られる系列」のことです。いくつか時系列データの例を挙げてみましょう。

- 気象データ
- 株価データ
- 新聞記事データ
- 電力使用データ
- 消費者物価指数
- アメーバブログの投稿数
- Googleの検索量

　こうしたデータは、ある一定の間隔をおいて公表されるものですが、その間隔はデータの性質や公表する機関によってさまざまです。たとえば、証券取引所の公表する各銘柄の終値は、休場日を除いて毎日公表されていますが、日本の総務省の公表する消費者物価指数は月ごとに報告されています。

　ある時系列データを用いて、別の時系列データを予測することもあります。たとえば、新聞記事やSNSのテキストデータに何らかの加工を施して作成した変数を利用して、金融資産価値を予測している企業や研究グループがあります。

　もちろん、企業内にも時系列データは存在します。サイバーエージェントが運営するAmebaブログ（以下、アメブロ）では、多くのユーザーがブログを投稿し閲覧をしています。そうしたブログの投稿数や閲覧数を日ごとに集計すれば時系列データとして分類されるでしょう。

　企業が公開している時系列データもあります。面白いデータとして、Googleトレンド[32]が挙げられます。Googleトレンドでは、Googleにおいて検索されたワードの検索量に何らかの加工を施した値を、週次の検索インデックス「Search Volume Index」として公開をしています。

こうした時系列データが与えられたとき、何から手をつければいいでしょうか。もちろん、分析の目的にもよりますが、どのような目的であってもよく行う分析というものは確かにあります。本章では、時系列データを分析する上で必要な要素として次の5つに分解しました。

- 図示
- 標本統計量
- 周期性
- 単位根過程
- 予測

本節以降では、この5つの要素をそれぞれ説明をします。

SECTION-41

図示

本節では、1つ目の要素である、時系列データの図示について説明します。時系列解析を行う上で、真っ先に行うことは、時系列データを図示することです。図示することで、データの特徴を把握できるだけでなく、次にどのような分析を行うかについて方針を立てることができます。

図示の例

それでは、実際に次の4つをそれぞれ図示して、どのような特徴があるかを確認してみましょう。

- 日経225平均株価データの日次終値
- 日経225平均株価データの日次終値の対数収益率
- アメブロ「一般ブログ」の投稿数インデックス
- Googleトレンド「今期」の検索量インデックス

◆ 日経225平均株価データの日次終値

図09-01は、2007年1月4日から2014年12月31日までの、日経225の平均株価データの日次の終値です。2008年8月のリーマンショック以降、日経平均株価は10,000円付近を推移していましたが、米国の株式市場の好況により、2013年3月には、リーマンショック後の高値を更新していることがわかります。

●図09-01 日経225平均株価データの日次終値

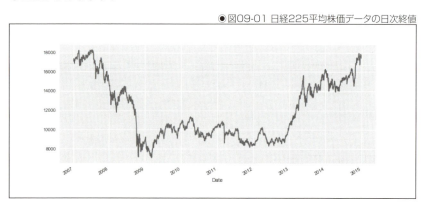

◆ 日経225平均株価データの日次終値の対数収益率

多くの投資家の関心事は、投資によってどのくらい儲けることができるのか、ということでしょう。そこで、当日と1日前の終値の比率の対数値を、図09-02にプロットします。2008年10月、2011年3月、2013年5月は、その他の時期と異なり対数収益率が大きく変動しているようです。ファイナンスでは、標準偏差のことをボラティリティと呼びますが、このようにボラティリティが時期によって異なった水準を示すことをボラティリティ・クラスタリングと呼びます。

● 図09-02 日経225平均株価データの日次終値の対数収益率

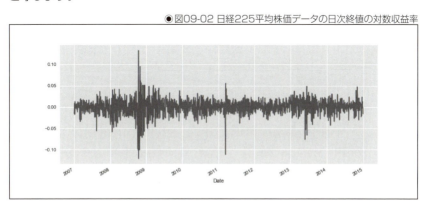

◆ アメブロ「一般ブログ」の投稿数インデックス

図09-03は、2018年4月1日から2018年8月31日までの、アメブロにおける一般ユーザーが投稿したエントリの日次投稿数インデックスです。投稿数が上昇する時点があるものの、投稿数には一定の周期があるようにも見えます。

● 図09-03 アメブロ「一般ブログ」の投稿数インデックス

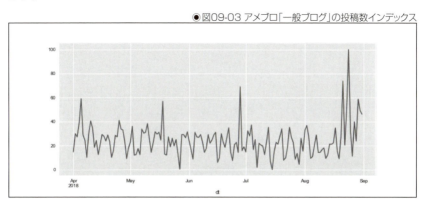

◆Googleトレンド「今期」の検索量インデックス

図09-04は、2013年07月21日から2018年07月08日までの、Googleトレンドが公表している「今期」という単語の検索量インデックスの週次の推移です。注意深く見ると、データに約13週程度の繰り返しが観測されます。なぜ「今期」という単語の検索量インデックスは特定の周期を持っているのでしょうか？ 日本のアニメは、1月・4月・8月・10月に始まることが多いようです。新しいアニメが始まるタイミングで「今期」のアニメの情報を検索しているユーザーが多いのかもしれません。

●図09-04 Googleトレンド「今期」の検索量インデックス

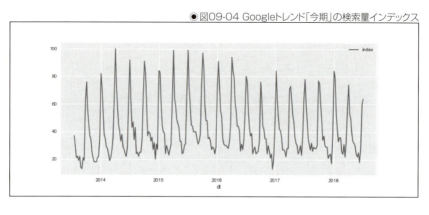

SECTION-42

標本統計量

本節では、2つ目の要素として時系列データの**標本統計量**を説明します。本節以降、時系列データを数式で表記しますので、まず数式でどのように時系列データを表現するかを説明します。次に期待値・分散・自己共分散・自己相関係数・コレログラムをそれぞれ定義し、定常性について説明をします。定常性を仮定した上で、時系列データの標本統計量である、標本平均・標本自己共分散・標本自己相関係数がそれぞれどのように計算されるかを示します。

さて、ここからは数式を用いて説明を行います。そこで、数式によって時系列データをどのように表現するかを説明します。

● 数式による時系列データの表記

本節以降では、ある時点 t において観測される変数を $y(t)$ と表記します。このように書いて、「時点 t における y」や「t 期の y」などと読みます。t の時点は、時刻、日、月、年などさまざまです。時点 1 から時点 T まで観測された時系列データをまとめて、

$$\{y(t)\}_{t=1}^{T} = \{y(1), y(2), \ldots, y(T)\}$$

と表記します。

● 確率過程

時系列解析では、観測された $\{y(t)\}_{t=1}^{T}$ が、ある**確率過程**から生成されたと考えます。確率過程とは、時点によって値が変化する確率変数列です。時系列解析では $y(t)$ は時点 t において、何らかの確率分布に従って生成されたと仮定し、確率過程の構造について適切なモデルを考え、統計的推測を行います。本章では、1 次元の実数値をとる確率過程を考え、確率過程を $Y(t)$ と表すことにします。

⊕ 期待値

第一に、**期待値**です。これは、各時点の $y(t)$ が平均的にどのような値かを知るために利用され、$y(t)$ の期待値は $E[Y(t)]$ と表記します。

ここで、$\mu(t) = E[Y(t)]$ とします。時系列データの期待値は、時点 t に依存することに注目をしてください。ここで定義される期待値 $\mu(t)$ は、観測期間における平均的な値ではないということに注意してください。

⊕ 分散

第二に、**分散**は各時点の $y(t)$ が平均からどのくらいばらつくかを表現します。分散は、期待値を用いて $E[y(t) - \mu(t)]^2$ と定義されます。分散は $\mathrm{Var}(y(t))$ と表記することにします。

⊕ 自己共分散

第三に、**自己共分散**は時系列解析に特有の統計量で、異時点間のデータの関係を記述します。k 次の自己共分散は下記のように定義されます。

$$\gamma(k, t) = E[(y(t) - \mu(t))(y(t-k) - \mu(t-k))]$$

k 次の自己共分散は、基準とする時点 t におけるデータ $y(t)$ と、時点 $(t-k)$ におけるデータ $y(t-k)$ の分散を表します。自己共分散は、同一の時系列データ内でのみ計算できる点に注意してください。0 次の自己共分散は、分散に一致します。

⊕ 自己相関係数

第四に、**自己相関係数**は、前述の自己共分散を正規化した統計量です。k 次の自己相関係数 $\rho(k, t)$ は下記のように定義されます。

$$\rho(k, t) = \frac{\gamma(k, t)}{\sqrt{\mathrm{Var}(y(t))}\sqrt{\mathrm{Var}(y(t-k))}}$$

「共」分散や「相関」係数というと異なる変数同士の関係を記述しているように感じますが、どちらも「自己」という接頭辞があるように、同一の時系列内でのみ計算されることに注意してください。

さて、観測された時系列データから期待値を推定することを考えましょう。が、次のような疑問が生じるかもしれません。それは「各時点において時系列データは一度しか観察できないのに、時点 t における期待値を推定できるのか」ということです。たとえば、2018年4月1日のアメブロの投稿数はたった一度しか観測されません。観測データそのものを期待値の推定値と見なすことはできますが、たった1つの観測データを用いて算出をした推定値の推定精度は、高いとはいえないでしょう。

ここでは、「時系列データの期待値と自己共分散が時間を通じて一定である」ような確率過程を考えましょう。この仮定は、モデルを大変扱いやすくします。「時系列データの期待値と自己共分散が時間を通じて一定である」過程を**弱定常**と呼びます。

改めて弱定常性の定義を紹介しておきます。

> 任意の t と k に対して、
> - 期待値が t について一定であること
> - 自己共分散が t について一定であること
>
> が成立する場合、過程は弱定常と呼びます。

定常性には弱定常性と強定常性がありますが、特に断りがない限り、本章で単に「定常性」とする場合には、弱定常性を表すこととします。

それでは、対象とする時系列データが定常過程であることを前提としてデータから対応する標本統計量、すなわち、期待値・自己共分散・自己相関係数の推定量をそれぞれ求めます。ハット記号は、推定量であることを表しています。

$$標本平均 : \hat{\mu} = \frac{1}{T} \sum_{t=1}^{T} y(t)$$

$$標本自己共分散 : \hat{\gamma}(k) = \frac{1}{T} \sum_{t=k+1}^{T} (y(t) - \hat{\mu})(y(t-k) - \hat{\mu})$$

$$標本自己相関 : \hat{\rho}(k) = \frac{\hat{\gamma}(k)}{\hat{\gamma}(0)}$$

それぞれ、標本平均・標本分散・標本自己共分散・標本自己相関係数と呼びます。それぞれの推定量が時点を表す変数 t に依存しないという点に注目をしてください。このように、時系列データに弱定常性を仮定すると、基本統計量の算出が容易になり、扱いやすくなります。

さて、標本自己相関係数を次数 k についてグラフに描いたものをコレログラムと呼びます。図09-06は、Googleトレンド「今期」の検索量インデックスのコレログラムを表しています。図09-05のデータに対応して、約13週程度で振動していることがわかります。このように、コレログラムは後述する「周期性」を発見する際に有用です。「周期性」については、後述します。

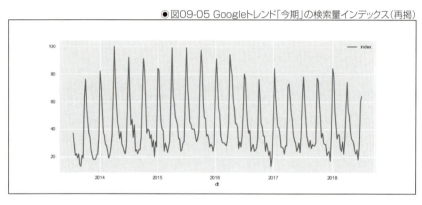

●図09-05 Googleトレンド「今期」の検索量インデックス（再掲）

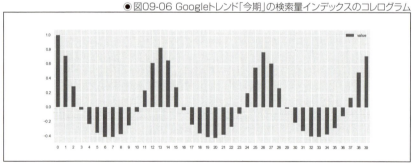

●図09-06 Googleトレンド「今期」の検索量インデックスのコレログラム

本節では、時系列データの「標本統計量」を計算しました。「標本統計量」の計算に、時系列データが定常過程である、という仮定を用いたことに注意してください。時系列データが定常過程である、ということは当たり前ではありません。実は定常ではない、ということが多々あります。そのため、時系列データが定常過程であるかどうかを確認する作業が「標本統計量」を計算する前には必要となります。定常過程でない時系列データを扱う際の注意点は、後述する「単位根過程」で紹介をします。

SECTION-43

周期性

　3つ目の要素として取り上げるのは、時系列データの**周期性**についてです。時系列データの「図示」の節では、時系列解析の第一歩はデータを図示することだと述べました。図09-07のアメブロの投稿数と図09-08のGoogleの検索量の推移は、一定の間隔で同じようなパターンを繰り返しているように見えました。この一定の間隔で繰り返されるパターンのことを周期性と呼びます。本節では、このような周期的なパターンを持つ時系列データをモデル化し、時系列データの周期を抽出することを考えたいと思います。

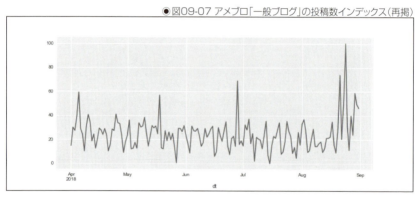

●図09-07 アメブロ「一般ブログ」の投稿数インデックス（再掲）

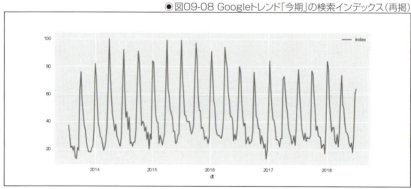

●図09-08 Googleトレンド「今期」の検索インデックス（再掲）

時系列データはどのような要素から説明されるのでしょうか？ 古典的な分解モデルでは、時系列データ $y(t)$ は、トレンド成分 $m(t)$、季節成分 $s(t)$、確率的成分 $u(t)$ の3つに分解され、それぞれの成分の和によって表現されるとします。

$$x(t) = m(t) + s(t) + u(t), t = 1, \ldots, n$$

ここで、$E[u(t)] = 0$、周期を d とし、$s(t+d) = s(t)$、$\sum_{j=1}^{d} s(j) = 0$ とします。

トレンド成分は、長期の増加、減少あるいは水平傾向を持つデータを表現する成分です。**季節成分**は、季節・年・月・週などによって一定の間隔で繰り返される傾向を持つ成分です。**確率的成分**は、時点によって値が変化する確率変数の実現値として表現される成分です。トレンド成分と季節成分をまとめて、**確定的成分**と呼ぶことがあります。

本節で注目をする「周期性」に該当するのは、季節成分です。他の成分と同様に、どのようにこの季節成分を抽出するかを紹介します。ここでは、スモールトレンド法によるトレンド成分と季節成分の推定方法を紹介します。

🌐 スモールトレンド法

スモールトレンド法では、下記のステップからトレンド成分と季節成分を推定します。ここでは、理解のためにサンプル数が10個の時系列データを用いて説明します。

第一に、スモールトレンド法ではデータの周期 d を与えます。ここでは $d = 3$ として計算することにしましょう。

第二に、周期内のデータからトレンド成分を推定します。図09-09のように各時点の周辺の値の平均を計算します。

● 図09-09 トレンド成分の推定

時点	原系列	トレンド成分(m)	原系列	トレンド成分(m)	原系列	トレンド成分(m)
1	y(1)		y(1)		y(1)	
2	y(2)	{y(1)+y(2)+y(3)}/3	y(2)		y(2)	
3	y(3)		y(3)	{y(2)+y(3)+y(4)}/3	y(3)	
4	y(4)		y(4)		y(4)	
5	y(5)		y(5)		y(5)	
6	y(6)		y(6)		y(6)	
7	y(7)		y(7)		y(7)	
8	y(8)		y(8)		y(8)	
9	y(9)		y(9)		y(9)	{y(8)+y(9)+y(10)}/3
10	y(10)		y(10)		y(10)	

第三に、季節成分を推定します。これは図09-10、図09-11、図09-12を見ながら確認しましょう。まずは、同時点における原系列とトレンド成分の変動を調べます（図の「変動」列）。そして、それぞれの周期における変動の平均を $w(t)$ とします。

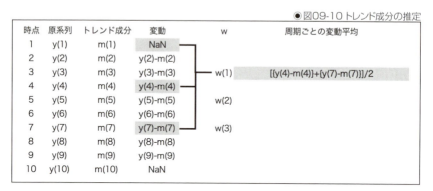

● 図09-10 トレンド成分の推定

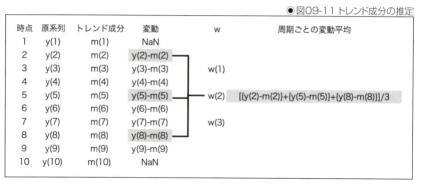

● 図09-11 トレンド成分の推定

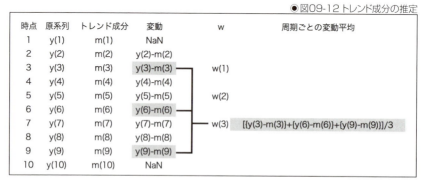

● 図09-12 トレンド成分の推定

最後に、季節成分 $s(t)$ を推定します。これは次の式のように、各時点の $w(t)$ から $w(t)$ の平均を除いた値として推定されます。

$$s(1) = w(1) - \frac{\{w(1)+w(2)+w(3)\}}{3}$$
$$s(2) = w(2) - \frac{\{w(1)+w(2)+w(3)\}}{3}$$
$$s(3) = w(3) - \frac{\{w(1)+w(2)+w(3)\}}{3}$$

Pythonのライブラリであるstatsmodels[33]では、スモールトレンド法に基づいて各成分を推定しています。実際の時系列データを上記3つの成分に分解してみましょう。図09-13は「一般ブログの投稿数インデックス」を、図09-14は「Googleトレンド『今期』の検索量インデックス」について、トレンド成分・季節成分および確率的成分に分解したものです。上から順に、観測値・トレンド成分・季節成分・確率的成分を表しています。

●図09-13 一般ブログの投稿数インデックスとその分解

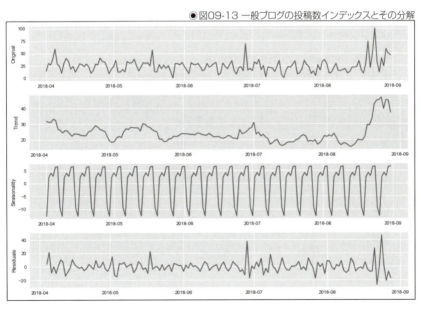

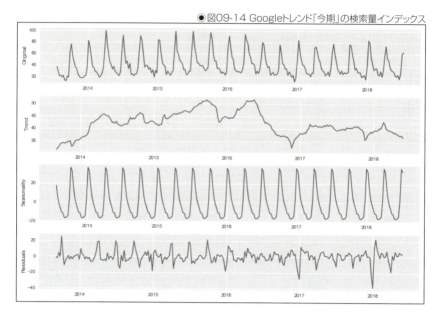

● 図09-14 Googleトレンド「今期」の検索量インデックス

　他の除去方法として、多項式のようなパラメトリックな関数を定義し推定する方法や階差をとる方法などがあります。

　時系列データがどのような成分に分解されるかについては、モデル設計者によってさまざまです。データによっては加法モデルではなく、下記のような乗法モデルとして定式化することもあります。

$$x(t) = m(t) \times s(t) \times u(t), t = 1, \ldots, n$$

　ほかに、Facebookが公開している時系列データを予測するライブラリProphet[34]では、[35]のモデルに基づいて時系列データを次の4つに分解します。

- トレンド成分
- 季節成分
- 休日成分
- 確率的成分

休日成分は、祝日など不規則に発生する休日を表現する成分です。大型連休などの祝日でデータの傾向が変化するようなデータを扱う場合は、休日成分を考慮することでモデルの説明力が向上するかもしれません。Prophetにおける時系列の加法モデルは下記に記します。原論文に表記を合わせると、$y(t)$ が観測データ、$g(t)$ がトレンド成分、$s(t)$ が季節成分、$h(t)$ が休日成分、$\varepsilon(t)$ が確率的成分を表しています。

$$y(t) = g(t) + s(t) + h(t) + \varepsilon(t)$$

詳細については、Prophetの公式ホームページ[34]をご覧ください。

SECTION-44

単位根過程

4つ目の要素として**単位根過程**を紹介します。前節で、標本統計量を計算する際に、時系列データに定常性を仮定しました。例に示したように、定常性は時系列データを解析する上で非常に扱いやすい性質を持っています。

しかしながら、実際のデータには定常性の性質を満たさないものが多く、解析する上では注意が必要です。

定常性の性質を満たさない過程を**非定常過程**と呼びます。単位根過程は非定常なデータの代表的な過程で、定常過程をもとに下記のように定義されます。

> 原系列 $y(t)$ が非定常過程で、差分系列 $\Delta y(t) = y(t) - y(t-1)$ が定常過程であるとき、過程を**単位根過程**と呼びます。

単位根過程の代表的な例はランダムウォークです。数式では下記のように表現をします。

$$y(t) = \delta + y(t-1) + \epsilon(t)$$

定数項 δ はドリフト率と呼ばれています。また、ϵ は錯乱項で、平均 0、分散 σ^2 の正規分布に従います。

図09-15は2つのランダムウォークに従う系列データを示しています。図中の v_1 は $\delta = 0$ で、誤差項が平均 0、分散 5 の正規分布に従うランダムウォークする系列データであり、v_2 は $\delta = 0$ で、誤差項が平均 0、分散 3 の正規分布に従うランダムウォークする系列データです。

●図09-15 2つのランダムウォークに従う系列データ

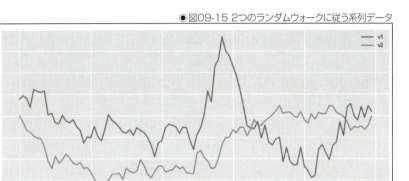

見せかけの相関

上記では、定常過程ではない例としてランダムウォークを説明しました。扱うデータが単位根過程の場合、2つの変数が無関係であっても、回帰分析において統計的に有意な関係があるように見える現象（**見せかけの相関**）が起こる可能性があるので、注意が必要です。

実際に、v_1 を説明変数、v_2 を被説明変数として回帰分析を行うことにします。回帰式は、

$$v_2(t) = \beta v_1(t) + u(t)$$

であり、β は v_1 の重み（回帰係数）、誤差項 u は平均 0、分散 σ^2 の正規分布に従うとします。

回帰分析の結果を表09-01に示します。β は前述の回帰式の回帰係数に対応しています。

●表09-01 ランダムウォークする2変数の回帰分析結果

変数名	回帰係数	標準誤差	t 値	p 値
v_1（β）	0.2441	0.136	1.798	0.075

回帰分析の結果を見ると、β は10%で有意であるので、v_1 は、v_2 と関連があるデータのように思えます。しかし、v_1 と v_2 は互いに無関係なランダムウォークから生成された系列データです。

このように、2つの時系列データの回帰分析において、統計的に有意な結果を得ているからといってそれらが相関していると結論づけることは早計です。

このような見せかけの相関に騙されないために扱うデータが単位根過程に従うかどうかを事前に検定するのがよいでしょう。実際によく利用される単位根検定には「拡張Dickey-Fullar（ADF）検定」と「Phillips-Perron（PP）」が挙げられます。紙面の関係上、これら2つを詳細に説明することはしませんが、興味のある方は章末に挙げた参考文献［36］などをご覧ください。

SECTION-45

予測

最後の要素として時系列データの**予測**を取り上げます。時系列解析の大きな目的の1つは、過去のデータを用いて将来を予測することです。本節では、実際のデータと時系列モデルを用いて予測の基本的な考え方を説明し、実際のデータを用いて時系列モデルの予測性能を計測します。

● 予測の考え方

基本的な考え方を理解するために簡単な例から考えることにしましょう。

ここで、時点 $t+1$ の実現値を $y(t+1)$、予測値を $\hat{y}(t+1)$ とし、予測値の計算方法を考えることにします。たとえば、当てずっぽうで予測値 $\hat{y}(t+1)$ を次のように予測することにします。

$$\begin{cases} \hat{y}^A(t+1) = 98 \\ \hat{y}^B(t+1) = 100 \\ \hat{y}^C(t+1) = 104 \end{cases}$$

そして、$t+1$ 期に実現した値を $y(t+1) = 101$ としましょう。

このとき、最も良い予測値は上記の3種類のうちどれでしょうか？ 実現値と予測値の差を予測誤差と呼びます。それぞれの予測誤差 $e(t+1)$ を計算してみましょう。

$$\begin{cases} e^A(t+1) = & y(t+1) - \hat{y}^A(t+1) = & 101 - 98 = & 3 \\ e^B(t+1) = & y(t+1) - \hat{y}^B(t+1) = & 101 - 100 = & 1 \\ e^C(t+1) = & y(t+1) - \hat{y}^C(t+1) = & 101 - 104 = & -3 \end{cases}$$

マイナスの値を含むとそれぞれで比較できなくなるので、予測誤差の絶対値あるいは二乗をとります。ここでは、絶対値をとることにしましょう。そうすると、AパターンとCパターンの予測誤差の絶対値は 3、Bパターンの予測誤差の絶対値は 1 となり、Bパターンでの予測が最も良い予測であるといえます。

🌐 時系列モデル

上記では、当てずっぽうで予測値を決めましたが、何らかの時系列モデルを仮定して1期先のデータを予測することにしましょう。

ここでは、自己回帰モデル（ARモデル）を利用することにします。p 次の自己回帰モデルは下記のように表現します。

$$u(t) = \alpha + \sum_{i=1}^{p} \beta_i u(t-i) + \varepsilon(t)$$

ここで、α は定数項、$\beta(i)$ はモデルのパラメータ、ε は誤差項で平均 0、分散 σ^2 の正規分布に従うとします。

本章では、α と β のパラメータの推定方法について言及をしません。詳細については、[36]などの参考文献をご覧ください。

🌐 学習期間と予測対象データ

時系列モデルのパラメータを推定するためにどのくらいサンプルを準備するか、という問題が残ります。つまり、1期先のデータを予測するために、過去のいつからいつまでのデータを利用すればいいでしょうか？　予測対象となるデータの直前までの全データを利用すればいいでしょうか？　それとも、一部のデータだけで十分でしょうか？　予測のために利用する過去のデータの扱い方について、どのくらい学習データ期間を準備するかによって、「Expanding Window」と「Moving Window」という2つの扱い方があります。

「Expanding Window」では、予測対象データの直前までの全データを利用します。図09-16のように、ステップごとに予測対象期間が1つずつずれていきますが、前ステップで予測対象であったデータを含めながら学習データ期間を拡大していきます。

「Moving Window」では、学習に利用するデータ量を制限します。図09-17のように、予測の都度、前ステップで予測対象であったデータを含めますが、前ステップの予測で利用した最も古いデータを学習データから除きます。

●図09-16 Expanding Window

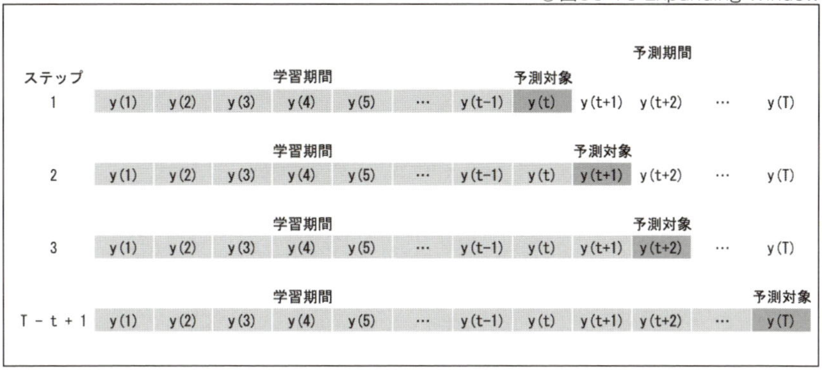

●図09-17 Moving Window

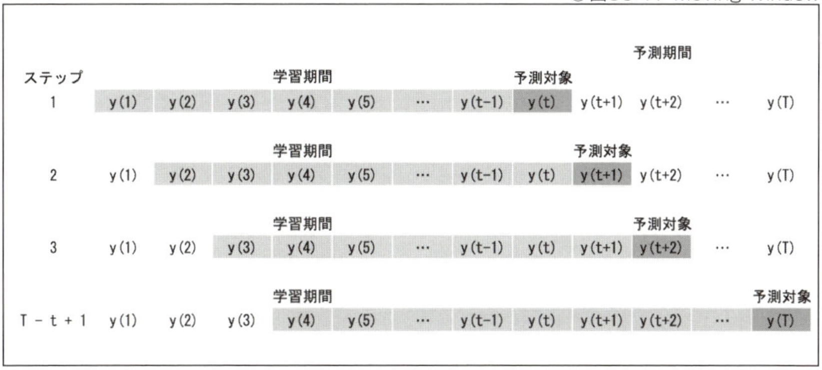

予測性能の評価

前の説明では、予測誤差 e を導入し、1期内における観測値と予測値の差を予測性能と考えました。しかし実際には、予測対象期間は複数期であることがほとんどです。

そこで、予測対象期間における予測性能を評価するために、**平均平方二乗誤差**(Root Mean Squared Error、以下**RMSE**)を導入します。予測対象期間が n としたとき、RMSEは

$$\mathrm{RMSE} = \sqrt{\frac{1}{n}\sum_{k=1}^{n}(y_k - \hat{y}_k)^2}$$

と書くことができます。

予測性能の比較

それでは、本章のまとめとして実際の時系列データを用いてExpanding Windowによる予測値を計算し、RMSEを求めることにしましょう。

本節で予測対象とするデータは、周期性の節で作成したGoogleトレンド「今期」の検索量インデックスの確率的成分 $u(t)$ です。

周期性の節では、時系列データ $y(t)$ をトレンド成分 $m(t)$、季節成分 $s(t)$、確率的成分 $u(t)$ の和として表現をし、$m(t)$ と $s(t)$ の推定方法を紹介しましたが、$u(t)$ について議論はしませんでした。

そこで、$u(t)$ をAR(p)モデルで表現し、1期先の予測値を計算することにしましょう。

データ期間は2013年7月21日から2018年8月8日までの週次データです。予測対象期間は2018年5月6日以降のデータとし、それぞれの時点において予測誤差を計算します。ARモデルにおける p は、それぞれのモデル推定時においてAICが最も小さい p を採用します。

Expanding Windowによる予測アルゴリズムについて言及をします。$t = h, h+1, \ldots, T-1$ の各時点において、下記のような予測を行います。

❶ $[1, t]$ までのデータからトレンド成分 $m(t)$ と季節成分 $s(t)$ をスモールトレンド法より推定し、確率的成分 $u(t)$ を算出する。
❷ $[1, t]$ までのデータ期間で、$u(t)$ をARモデルで表現し、モデルパラメータを推定する。
❸ 上述のモデルを利用し、$u(t+1)$ の予測値 $\hat{u}(t+1)$ を計算する。
❹ $[1, t+1]$ までのデータからトレンド成分 $m(t+1)$ と季節成分 $s(t+1)$ をスモールトレンド法より推定し、観測される確率的成分 $u(t+1)$ を算出する。

表09-02は、それぞれの時点における観測値、Expanding Windowによる予測値、そして二乗誤差を報告しています。

●表09-02 観測値・予測値・二乗誤差

日付	観測値	予測値	二乗誤差
2018-05-06	−1.629	−0.9885	0.4102
2018-05-13	−0.2664	2.0195	5.2254
2018-05-20	0.6525	0.6081	0.002
2018-05-27	2.4605	1.5108	0.902
2018-06-03	−0.2662	2.2619	6.3911
2018-06-10	1.3484	3.7022	5.5402
2018-06-17	−4.8807	−1.6579	10.3862
2018-06-24	−15.4192	−9.4222	35.9635
2018-07-01	−11.6167	−8.5702	9.2811
2018-07-08	−1.0574	−3.6762	6.8581

　最後に、予測期間におけるRMSEを計算してみましょう。上記の例でRMSEを計算すると 2.8453 と求まります。この指標は、他の時系列モデルと予測性能を比較する際に有用です。

SECTION-46

本章のまとめ

本章では、時系列解析を行う上で重要な要素として次の5つを取り上げました。
- 図示
- 標本統計量
- 周期性
- 単位根過程
- 予測

5つの要素は必要最小限であり十分とはいえません。下記の参考文献は、時系列解析における一般理論の説明や洗練された分析手法が記載されているので、さらに踏み込んで時系列解析を学ぶことができるでしょう。以下では参考文献について簡単に説明をしています。

本章の「標本統計量」でも触れたように時系列データは確率過程で表現します。数学の苦手な初学者にとってはとっつきにくいトピックではありますが、これを勉強すれば、他のテキストの理解度が随分違ってきます。そこで、確率過程の入門的なテキストである[37]をまず読むことをお勧めします。

確率過程を勉強した後は、理論や実際のデータを扱った解析例を知るのがよいのではないでしょうか。[38]（邦訳は[39]）では、時系列解析における基礎理論について詳細に記述されており、[40]（邦訳は[41]）、[42]や[36]では、目的に沿って時系列モデルを選定し、誤った解釈がなされないように、数値例や実際のデータを用いて解説をしています。

上記のテキストでは、どのようにコードを書いて解析を行えば良いかは記述されておりません。コードを示しながら状態空間モデルについて説明しているテキストとして、[43]があります。他のテキストでも状態空間モデルの基礎理論について言及がなされていますが、RとStanのコードによって示されているので、実務家にとっては大変使い勝手の良いテキストだと思います。

🌐 本章の参考文献

[32] 「Googleトレンド」,
　　　URL:https://trends.google.co.jp/trends/?geo=JP

[33] S.Seabold and J.Perktold,Statsmodels:Econometric and statistical modeling with python,in 9th Python in Science Conference,2010,
　　　URL:https://www.statsmodels.org/stable/index.html

[34] L.B.Taylor SJ,Forecasting at scale,2017.

[35] A.Harvey and S.D.Peters,
　　　Estimation procedures for structural time series models,1990.

[36] 沖本竜義『経済・ファイナンスデータの計量時系列分析』,
　　　統計ライブラリー, 朝倉書店, 2010.

[37] 松原望『入門確率過程』,東京図書, 2003.

[38] J.D.Hamilton,Time Series Analysis,
　　　Princeton University Press,1994.

[39] J.D. ハミルトン・沖本竜義・井上智夫(訳)『時系列解析』,
　　　シーエーピー出版, 2006.

[40] P.J.Brockwell and R.A.Davis,
　　　Introduction to Time Series and Forecasting,Springer-Verlag,
　　　2002.

[41] P.J. ブロックウェル・R.A. デービス(著)・逸見功・田中稔・宇佐美嘉弘・渡辺則生(訳)『入門時系列解析と予測』,シーエーピー出版,
　　　改訂第2版, 2004.

[42] 北川源四郎『時系列解析入門』, 岩波書店, 2005.

[43] 馬場真哉『時系列分析と状態空間モデルの基礎 =Foundations of Time Series Analysis and State Space Models:RとStanで学ぶ理論と実装』, プレアデス出版, 2018.

CHAPTER 10
計算量の見積もり

▶▶▶ 本章の概要

　この章では、扱えるデータの規模についてスケールする計算機システムを支える技術について述べます。

　データマイニングの手続きはスケールしなければなりません。パソコン(Personal Computer)で扱えるデータ容量が飛躍的に向上したので、一昔前なら充分にビッグなデータと認識されていたデータ量であっても最近はカジュアルに扱えるようになりました。しかし、メインフレームで収集および蓄積できるデータ量は輪を掛けて膨大になり、それを支える技術も高度になりました。データマイニングに「エンジニアリング」が必要な由縁です。

　まず、主記憶のスケーリングに大きく関わる概念であるメモリヒエラルキーについて説明します。次に、演算処理や外部記憶のスケーリングを実現するための分散システムについて述べます。そして、データをストアするときのトランザクションと、データをロードするためのインデックスについて説明します。

　スケールする計算機システムは、扱えるデータの量のみならず処理時間の速さも考慮しなければなりません。さらにエンジニアとしては、処理時間を適切に見積もることが求められます。そのために必要な概念である計算量について述べます。

　最後に、原理的には無制限の量のデータを扱えるストリームデータ処理について触れます。

SECTION-47
記憶装置と計算の効率

新しいパソコンを購入するときにざっくりと確認するスペックはCPUクロック周波数、メモリ量、HDDやSSDなどのストレージ容量ではないでしょうか?

たとえば手に取ったパソコンは、「CPUがIntel Core i5で2.4GHz、メモリは8GバイトでSSDは500Gバイトである」といった感じです。データマイニングにおいては大量のデータを扱う必要があり、そのためにはメモリ量が大きいほどかつストレージ容量も大きいほどたくさんのデータが扱えます。本節ではこの2つの関係について説明します。

● メモリヒエラルキー

実際はメモリとストレージ以外にもさまざまな記憶媒体が階層構造として存在しており、メモリヒエラルキーを構成しています。CPUに近いほうからL1キャッシュを頂点としてL2キャッシュ、L3キャッシュと続き、主記憶であるメインメモリ、そしてHDDやSSDの外部記憶と続いています。コンピュータにおける計算は中央演算処理装置(CPU)で行われます。そのとき必要なデータは近くにあるところから順番に探しにいって取りにいきます。したがって、できるだけ近くにデータがあることが効率的な計算のカギです(図10-01を参照のこと)。

●図10-01 メモリヒエラルキー

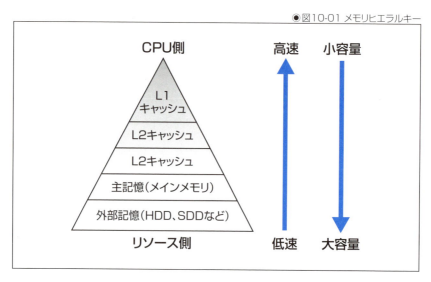

SECTION-47 ● 記憶装置と計算の効率

　図10-01に示す通り、上位の記憶媒体ほどアクセスが高速ですが、より高価になっていくためメモリ容量が小さくなるというトレードオフの関係になっています。

　データマイニングエンジニアが直接、意識すべきレイヤーは主記憶と外部記憶の箇所でしょう。なぜなら、分析したいデータがすべて主記憶に載り切るか否かで計算速度が数倍以上も変わってしまいます（特に外部記憶であるストレージがHDDの場合は10倍以上も変わってしまいます）。これは、主記憶が足らないときに主記憶に乗りきらないデータの中身をいったん外部記憶に退避させるスワップが生じるためです。このスワップが発生しないように注意深くデータ量などを調整しながら、もしくは主記憶量を増設するなどをしながら分析を進めなければ短い人生、あっという間に終わってしまいます。

　なお、線形代数計算用の数値演算ライブラリ（OpenBLASやIntel MKLなど）はプロセッサのアーキテクチャレベルでの最適化が行われています。RやPython numpyなどで実装されている関数はその関数内からこれらの線形代数計算ライブラリを用いた実装になっている場合があり、ユーザー側から見ればL1キャッシュやL2キャッシュなどの使い方などをまったく意識することなく高速計算を利用することができます。たとえば、線形回帰モデルの推定に使う最小二乗法や、特異値分解などがこれに相当します。

SECTION-48

並列コンピューティング

　Intel社のCPUのクロック周波数が4GHzに近づいた2004年ごろから、CPUのクロック周波数を増加させて計算速度を速くしていくという流れが、発熱量の問題もあり時代遅れとなってきました。その代わりにCPUの数を増加させることによってトータルで計算速度を速くしていく流れに変わってきました。2006年ごろになると一見すると1つに見えるCPUの中に複数の演算処理ユニットを搭載したCPUが民生用で出現し始め、その後、主流になりました。この演算処理ユニットをコアといい、何個含まれているかをコア数と呼びます。2012年ごろからの深層学習ブームでGPUを用いた計算が主流になったのもこの流れです（GPUは数百個以上のコアを持っています）。世の中にはいくつかの分散処理フレームワークがありますが、データマイニングエンジニアにとって大事なことは、それぞれの得意不得意は何であるかを把握していて、自分自身が直面した計算処理の問題に対して適切な選択ができることです。本節では並列処理技術のいくつかの具体例を挙げながらそれぞれの考え方について述べます。

● 共有メモリ型と分散メモリ型

　CPUのコア数が複数になるということは、並列コンピューティングを利用しない限り計算速度が速くならないということを意味します。そこで脚光を浴びたのが並列処理技術です。並列処理には共有メモリ型と分散メモリ型の2通りの処理形態があります。最近の家庭用のパソコンなどはほぼ、前述のような複数コアを有するCPUだと思いますので、1つの共有されたメインメモリ上のデータに対してそれぞれのコア内で処理を行う共有メモリ型の並列処理となります。共有メモリ型は分散メモリ型に比べて手軽な反面、搭載できるメインメモリには限界があるため大きな分散処理システムにはしにくいという欠点があります。

一方、分散メモリ型の並列処理の場合はメモリを備えた多数の計算ノードそれぞれが並列に動作する形になります。そのため、共有メモリ型よりも巨大なシステムにすることが可能な反面、ノード間の通信も考慮する必要があったりとより複雑性が増してしまいます（利用者がここまで考慮することはそうそう必要ない時代になったかもしれませんが）。スーパーコンピュータやHadoopクラスタなどが分散メモリ型に相当します。

分散メモリ型並列処理プログラミングモデル

　コンピュータ処理の高速化を目的として、複数の計算機を並列につないでクラスタ化した計算機クラスタを利用することも一般的になってきています。計算機クラスタは1台の計算機では処理に時間がかかる場合であっても複数の計算機を上手に用いることで処理時間の短縮化をすることができます。また、1台の計算機に搭載されているメモリに載り切らないほどのデータ量であってもデータを分割して処理できるため計算機クラスタで扱えるようになります。しかし、複数台の計算機で処理を行うためにはプロセス間の通信などの処理が必要となり、それらをユーザーが簡単に扱えるようにするための**MPI**や**MapReduce**といったプログラミングモデルを活用する必要があるでしょう。

　ここでは分散メモリ型の並列処理プログラミングモデルとしてMPIとMapReduceの2つについて触れておきましょう。

　並列処理にどのような手法を使うとしてもその目的は、プログラムの実行時間Tをp台の計算機を使って処理した場合にT/pに近づけることです。理論上は当たり前に実現可能と思われるかもしれませんが実際はアルゴリズム上並列化できない部分の存在があったり、通信のためのオーバーヘッドの存在があったりすることでとても難易度の高い問題ではあります。通信のオーバーヘッドには通信立ち上がり時間とデータ通信時間とがありますが、誤解を恐れずにいうと前者はMPIが、後者はMapReduceがソリューションの例として挙げられるでしょう。

◆ 通信立ち上がり時間

　MPI(Message Passing Interface)は、共有メモリを使わずに独立したプロセス間でメッセージを送受信しながら処理を行う方法・プロトコルになります。プロセス間で通信するための関数が標準的に用意されているため、プログラマは各プロセスの挙動を記述することでデータ通信・並列処理を実現できます。通信パターンをプログラマがコントロールすることが可能で問題に対して最適なプログラムを記述することができるため、熟練者なら通信の立ち上がり時間のオーバーヘッドを減らせる見込みがあることでしょう。

　並列処理の難しい点は共有したメモリへのアクセスです。MPIの実装としてはC言語、C++、Fortranなどで書かれたMPICH、OpenMPIやPython用ライブラリmpi4pyなどがあります。mpi4pyを用いたからといってMPICHやOpenMPIに比べて実行速度が大きく劣るということはないようですが、大きなデータ、メモリを扱う場合にはやはり不利なので最高の性能を引き出したい場合にはMPICHかOpenMPIなどを使うのが一般的でしょう。なお、Preferred Networks社が中心になって作られているディープラーニング用分散処理ライブラリChainerMNは内部ではこのmpi4pyが使われています。

　歴史的に、HPC(High Performance Computering)の分野において長年にわたりMPIは分散処理モデルの主流として利用されてきました。気象モデル、物理モデル、ドラッグデザインのような比較的少量の入力データをもとに大量の計算を行う、負荷の高い計算とMPIは相性が良かったためです。相性が良いというのは、データ量は比較的少量だけど演算部分が圧倒的にボトルネックで、その部分を並列処理するのが理にかなっていたということです。2019年現在においてもスーパーコンピュータを利用したコンピュータ上でのドラッグデザインの分野などでは用いられています。

◆データ通信時間

　MapReduceは巨大なデータセットを持つ高度に並列可能な問題に対して、多数のクラスタを用いて並列処理させるアルゴリズム（プログラミングモデル）です。2004年にGoogle社からMapReduceに関する論文が発表されたのが契機となり、その後、Yahoo!社のDoug Cuttingによりオープンソース実装としてHadoopが作られ公開されました。安価なマシンを多数用意して並列処理することが可能なフレームワークであったため、Web系の企業を中心として一気に広まりました。Hadoopは2つのコンポーネントからなっており、大量のデータセットを安価なハードウェア群でストアしておく方法・データ構造としてのHDFS（Hadoop Distributed File System）と、データが各ノードに分散してストアされているのならその各ノード上でそのまま処理も行ってしまえば効率的というMapReduceとから構成されています。少なくともデータ処理の前段においてはデータ通信時間のオーバーヘッドに強い仕組みといえるでしょう。

　MapReduceとはその言葉通り、Map処理とReduce処理を組み合わせた処理になっています。Map処理では入力データの各行からKeyとValueの組み合わせを作る処理です。その後、KeyでソートされるSuffle処理を経てReduce処理へと続きます。Reduce処理では各Keyごとにまとめられたvalue集合体に対して所定の演算が実行されます。たとえば、カウントを算出する場合ならsum演算になります。MapReduceの実装としてはApache MapReduceなどがあります。巨大なデータを分散して保持しておくHDFS上で動作することから、演算部分よりむしろデータ量がボトルネックであるようなタスク（たとえばWeb系のアクセスログの処理）との相性が良いようです。MapReduceは処理の反復間で中間結果をストレージに書き出す必要があるため、反復アルゴリズムには必ずしも適していません。そのため、反復処理間で効率良くインメモリデータをキャッシュできるApache SparkやApache Stormなどが2019年現在では主流となってきています。

SECTION-49

実行時間の見積もり

　データを扱って何かをしようとする者にとっては計算量の概算ができることは極めて重要です。

　物理学者のフェルミは1945年7月16日に行われた人類初の核実験において、爆風に紙の短冊が2.5m飛ばされたことから聴衆の前で爆発のエネルギーがおよそどれくらいになるのかを計算してみせたという逸話があります。そしてこの際に導いた値はTNT爆弾に換算すると10ktonという値であり、実際の値の18.6ktonの2倍以内の誤差に収まっていました。こういった場合の精度は厳密である必要はなく、あくまで桁数が合っていればよい程度でしょう（その代わりに短時間で算出できることが重要です）。そのため、有効数字1桁で計算することがほとんどであり、封筒の裏程度の紙のサイズでできることから「封筒裏の計算」という名で呼ばれています[44]。

🌐 フェルミ推定

　勘のいい読者の方はお気づきかと思いますが、これは別名フェルミ推定とも呼ばれています。最近だとコンサルティング会社や外資系企業などの入社面接試験で聞かれることもあるとかないとかでこちらの呼び方のほうがメジャーになっています。フェルミ推定で特に知られているものは「アメリカのシカゴには何人のピアノ調律師がいるか？」を推定する問題かと思います。これはフェルミ自身がシカゴ大学教員時代にそこの学生に対して出題したものだとされています。では推定してみましょう。

　まず次のデータを仮定します。
❶ シカゴの人口は300万人とする。
❷ シカゴでは、1世帯あたりの人数が平均3人程度とする。
❸ 10世帯に1台の割合でピアノを保有している世帯があるとする。
❹ ピアノ1台の調律は平均して1年に1回行うとする。
❺ 調律師が1日に調律するピアノの台数は3つとする。
❻ 週休二日とし、調律師は年間に約250日働くとする。

そして、これらの仮定のもとに次のように推論します。

❶ シカゴの世帯数は、(300万/3)=100万世帯程度。
❷ シカゴでのピアノの総数は、(100万/10)=10万台程度。
❸ ピアノの調律は、年間に10万件程度、行われる。
❹ それに対し、(1人の)ピアノの調律師は1年間に250×3=750台程度を調律する。
❺ よって調律師の人数は10万/750=130人程度と推定される。

このほかに有名な例として宇宙にどのくらいの地球外生命が分布しているかを推定するためのドレイクの方程式というものも存在します。これは1961年にアメリカの天文学者であるフランク・ドレイクによって考案されました。

$$N = R_* \times f_p \times n_e \times f_l \times f_i \times f_c \times L$$

●表10-01 各変数の説明

変数	定義	ドレイクが用いたパラメータ値
R_*	人類がいる銀河系の中で1年間に誕生する星(恒星)の数	10
f_p	ひとつの恒星が惑星系を持つ割合(確率)	0.5
n_e	ひとつの恒星系が持つ、生命の存在が可能となる状態の惑星の平均数	2
f_l	生命の存在が可能となる状態の惑星において、生命が実際に発生する割合(確率)	1
f_i	発生した生命が知的なレベルまで進化する割合(確率)	0.01
f_c	知的なレベルになった生命体が星間通信を行う割合	0.01
L	知的生命体による技術文明が通信をする状態にある期間(技術文明の存続期間)	10000

ドレイク方程式に関し注目すべきことは、上記の各パラメータに妥当だと考えられる値を入れると、多くの場合、$N \gg 1$ となることです。このことが地球外知的生命体探査を行うための強力な動機づけとなりました。

ランダウ記法

　以上のように、フェルミ推定はざっと計算して短時間で規模感をつかむための一般のビジネスマン向け思考ロジックだと捉えられがちですが、情報科学においても当たり前に意識されています。情報系分野においては基本的な記法としてランダウ記法(オーダー記法ともいう)と呼ばれるものがよく用いられています。エンジニアと会話している中でもさりげなく登場することもあるでしょう。

　ランダウ記法とは無限大や0付近での振る舞を次の2つの考え方に従って大雑把に評価しようという発想です。

- 影響力が一番強い項以外無視する
- 定数倍の差は無視する(係数は書かない)

　アルゴリズムの性能を評価するためには、このアルゴリズムは計算に「10秒かかった」というような表現はしません。そのような表現にしてしまうと、データ量やハードウェアの性能に左右されることが大きくなってしまうので、その替わりに $O(n)$ といったような前述のランダウ記法(オーダー記法)で表現をします。ランダウ記法で表現できるとデータ量がn倍になったときに実行速度が理論上、何倍になるかの見積もりがしやすくなります。代表的なオーダー例を下記に示します。

●表10-02 計算量と主なアルゴリズム

記法	詳細	例
$O(1)$	命令数がデータ数と関係しない	配列にindex指定でアクセスする場合
$O(\log n)$	データ数nとするとき、2をステップ数乗した値の定数倍が計算量	二分探索
$O(n)$	命令数がデータ数に比例	線形探索
$O(n \log n)$	$O(n)$ よりちょっと重い	クイックソート
$O(n^2)$	最大次数が2のもの	バブルソートのような二重ループを伴う配列全体の走査
$O(n^3)$	最大次数が3のもの	行列計算のような三重ループを伴う配列全体の走査

ランダウ記法で表現することにより、アルゴリズムの性能比較ができるようになります。理論上はオーダーが小さいほど計算量が少なくて済むためより高速な実装といえます。計算量の見積もりが事前にざっくりとでもできることはアルゴリズムを実装する上でもデータの分析をする上でもビジネスを進めていく上でも重要なことです。

具体例

より狭義な話をしますと、MySQLやApache Hive、BigQueryなどのデータベースからSQLによりデータを取得してくる際の対象データ量を見積もれることもデータマイニングエンジニアにとっては重要です。

BigQueryはWebUI上でクエリを実行する場合、実行前にデータスキャン量の概算が表示される、大変ユーザビリティが高い機能があります。これをうまく活用しながら「データを取得するのに妥当なデータスキャン量であるか」、それが妥当でないとしたら「何らかの工夫をすることでデータスキャン量を減少させることができるか」を気にかけるべきでしょう。何らかの工夫とは、パーティションの設定だったりMySQLなどのリレーショナルデータベースの場合だとインデックスの作成だったりします。次のデータ構造の箇所でもう少し深く扱います。

COLUMN
データベースにおけるパーティション

本文で、データベースからデータを取得する際にデータスキャン量が妥当であるかという言及をしました。たとえば1年ほど継続して運営されている、とあるWebサービスにおけるPage Viewログ（誰かがWebサービスの各Webページを閲覧するたびに出力されるログ）を考えてみましょう。DAU（Daily Active User数）が10万人のサービスだとしたらPage Viewはそれ以上（10万行以上）のログ行数になります。このログが「servicepv」というBigQuery上のテーブルに格納されているとして、たとえば「昨日のDAUはいくつかな？」と調査するためにクエリを実行する場面を考えてみます。

SECTION-49 ● 実行時間の見積もり

　1年分のログがすべてservicepvテーブルに格納されている場合、そこから昨日分のデータを取得してくるだけでも過去1年分のデータすべてに対してデータスキャンする必要が出てきてしまいます。これだと速度的な観点からも利用料金的な観点からも大変です（BigQueryはデータスキャン量に応じて課金される仕組みなので）。

　この問題を解決する方法がパーティションを設定するという方法です。一見するとパーティションの設定の有無でユーザーから見えるテーブルに差はないように見えますが、内部的には設定されたパーティションごとにテーブルがあらかじめ分割されて保持されています。BigQueryの場合は日付でしかパーティションを設定できないので、ログの日付ごとにテーブルが分割して保持されます。このような設定でテーブルを作成しておけば、SQLでデータスキャンする際のWHERE句にパーティションカラムを指定することでテーブル全体をスキャンするのではなくて、あらかじめパーティションで区切られた領域のみを検索対象にしてくれます。

　なお、この仕組みはBigQueryだけではなくてApache Hiveにも備わっています（Hiveの場合はパーティションを設定するカラムを自由に選べるため、BigQueryより柔軟性が高いです）。大量のデータを扱うことが前提の両者においてはこのパーティションを設定する運用は基本的に必須であるといえるでしょう。

　このパーティションのほかに、適切なファイルフォーマットと圧縮形式を設定しておいたり、特定のカラムにインデックスを設定したり、WHERE句でよく使うカラムはインポート時にソートしておいたりすることで処理の高速化を図ることができます。詳細はデータベース関連の専門書籍を参照ください。

SECTION-50
バッチ学習とオンライン学習

あるサービスにおけるユーザーの行動ログをもとにした機械学習で考えてみましょう。ユーザーの行動は変わりうるので、モデルを作成したときとそのモデルを用いて予測をするときとでユーザーの趣味嗜好も変化していることでしょう。そのため、モデルの学習は一度、行えばそれで終わりというわけではなくて、日々生じるログを適切なタイミングで再学習し続けなければなりません。機械学習においては教師あり学習を行うフェーズではバッチ学習とオンライン学習と(ミニバッチ学習と)があります。これからバッチ学習とオンライン学習について説明していきます。

🌐 バッチ学習

バッチ学習とは学習対象となるデータすべてをまとめて一括で処理してモデルを学習する方法になります。教科書などに載っている機械学習の手法はバッチ学習が前提で説明されていることが一般的ではあります。モデルを更新するためには必要なデータすべてを投入する必要があるのでデータ全体を処理するための時間とメモリが必要になります。

🌐 オンライン学習

オンライン学習とは学習データが入ってくるたびに、その新しいデータのみを用いて学習を行う方法です。狭義には、1回の学習あたり1件のデータを用いてモデルを更新していく学習方法になります。オンライン学習は次の特徴があります。

- 1回あたりの学習コストが低いため、もともとメモリに載り切らないほどの大量のデータであっても処理することが可能。
- 季節性のイベントなど、ユーザーの行動変化にすぐに対応できるが、逆に最新のデータの影響を受けやすかったり外れ値の影響を受けやすいともいえる。

ミニバッチ学習

　バッチ学習とオンライン学習との中間がミニバッチ学習です。つまりモデルの更新は逐次的に行うのですが、その際に利用するデータが2件以上の複数データを用いて行うものになります。なお、データが1件の場合はオンライン学習（確率的勾配降下法）になります。ミニ「バッチ」という名称ですが、オンライン学習の一種といえます。

SECTION-51

本章のまとめ

　本章では、データの規模についてスケールする計算機システムを支える技術について紹介しました。本章で触れた話題について興味を持った読者の方はさらに深い理解を得るためにも、次の参考文献が有用かと思います。

🌐 本章の参考文献

[44] ジョン・ベントリー(著)・小林健一郎(訳)
　　『珠玉のプログラミング 本質を見抜いたアルゴリズムとデータ構造』、
　　ピアソン・エデュケーション, 2000.

[45] 畑埜晃平・瀧本英二『オンライン予測 =Online Prediction』、
　　機械学習プロフェッショナルシリーズ, 講談社, 2016.

[46] 矢沢久雄(著)・日経ソフトウエア(監修)『コンピュータはなぜ動くのか
　　：知っておきたいハードウェア&ソフトウエアの基礎知識』, 日経BP社,
　　2003.

[47] 太田一樹・岩崎正剛・猿田浩輔・下垣徹・藤井達朗・山下真一(著)・濱野
　　賢一朗(監修)『Hadoop徹底入門: オープンソース分散処理環境の構築』,
　　翔泳社, 第2版, 2013.

[48] Intel Corporation,
　　「インテル数値演算ライブラリ　リファレンス・マニュアル」, 2001,
　　URL:https://www.intel.co.jp/content/dam/www/public/
　　　　ijkk/jp/ja/documents/developer/mklman52_j.pdf

CHAPTER 11
エンジニア的財務会計

▶▶▶ 本章の概要

　本章では、最も端的に企業の価値を測るものである会計指標を理解するために、その前提となる財務会計の知識を示します。少々唐突に感じられることと思いますが、いってみれば本章は、某国民的ロールプレイングゲームにおける武器屋の章です。このたとえでピンときた方は、その章が始まったつもりでお読みください。もちろんピンとこなくても何の問題もありません。要は本章以降の説明のために必要である、ということです。

　まず、利益を扱う会計としての財務会計について述べます。次に、本書で学んだテーブル操作の知識を活用して、複式簿記について簡単に学びます。最後に、エンジニアならではのトピックスとして企業会計の考え方に基づいた技術的負債について考察します。

SECTION-52

利益を扱う会計

　財務会計は、会計指標の背景にある理論および方法のことです。会計指標は企業価値を示す基本的な指標で、基本的には割り算で計算できます。たとえば「利益を売上高で割る」だったりします。しかしながら、この「利益」の計算が厄介なのです。

　本節と次節で、利益の計算の仕方について説明します。これを通して「指標のもとになる数値は、どれほど考え抜いて作られなければならないか」を実感していただきたいと思います。

⊕ 身近な会計との違い

　会計とは、広い意味では「金銭の支出と収入を記録および管理して集計すること」です。たとえば、学校のクラブ活動などの「収支計算書」を作るのは典型的で身近な会計です。

　営利企業の会計はそれとはだいぶ異なります。クラブ活動の会計と営利企業の会計の決定的な違いは**利益（profit）**を扱うか否かです。

　クラブ活動は、「収入」と「支出」が合っていることが重要です。差額がプラスでも繰越金として次年度の収入になるだけです。一方、営利企業では、まず「収入」が「支出」を上回っていることが重要です。しかし、「収入」と「支出」の差額が「利益」になるわけではありません。

　たとえば、お金を借りると「収入」になり、それを使わなければ収入と支出の差額はプラスになりますが、それを「利益」とはいえません。

⊕ 財務会計の要素

　利益を扱う会計を特に**財務会計（financial accounting）**と呼びます。

　財務会計においては、収入と支出を**キャッシュフロー（cashflow）**と呼び、内容に応じて3つに分けて計算されます。

- 営業活動によるキャッシュフロー：商売に伴う収入（収益）や支出（費用）
- 投資活動によるキャッシュフロー：投資などで得た設備など（資産）に伴う収入や支出
- 財務活動によるキャッシュフロー：元手として借りたお金（負債）や受けた出資（資本）に関する収入や支出

以上に出てきた「収益(revenue)」「費用(expense)」「資産(assets)」「負債(debt)」「資本(equity)」の5つがキーワードです(詳細は後述いたします)。

P/LとB/S

財務会計では、上記の5つに基づいて、いくつかの計算書が作成されます。主なものは次の2つで、決算において作られます。

- 損益計算書(P/L: profit and loss statement)：「収益」と「費用」について集計して「利益」を計算するもの
- 貸借対照表(B/S: balance sheet)：「負債」や「資本」や「資産」について集計したもの

ちなみにキャッシュフローを集計したものは、そのまま「キャッシュフロー計算書」ですが、主な会計指標のもとになる値はP/LかB/Sに出てくる値なので、本書では割愛いたします。

企業の会計期間は任意の時期からスタートしてよいことになっておりますが、必ず1年ごとの集計が行われます(一般に四半期ごとの集計も行われますが、年度ごとに必ず1年分の集計をします)。

どちらも期末に集計するものですが、P/Lは『「期間」を通した「収益」と「費用」』を集計したもので、B/Sは『「期末」の時点における「負債」や「資本」や「資産」』のスナップショットです。したがって、書類の日付に注目すると、P/Lには決算期間、B/Sには決算日が書いてあります。

イメージは次の図の通りです(決算日が9月30日の場合)。

●図11-01 P/Lは期間でB/Sはスナップショット

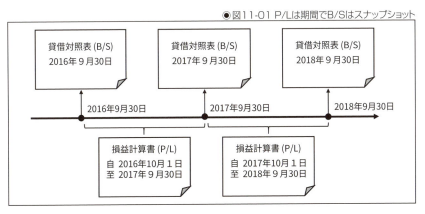

SECTION-53

エンジニア的複式簿記

　B/SやP/Lを読めるようになろうとすると、「**複式簿記**」について、概念だけでもわかる必要があります。「勘定科目」についての知識を身に付けるだけで、お金のやり取りについての考え方が変わります。

　さすがに本書でその説明に多くの紙面を割くわけにはいきませんが、テーブルの操作の知識がある人にはあっさりと済んでしまう説明の仕方がありますので、本書ではそれを記します。

🌐 武器屋の帳簿

　いまとなっては昔のロールプレイングゲームで、プレイヤーが武器屋になってお金を儲けるというパートがありました。

　商売には元手が必要です。ダンジョンで拾った「女神像」を資産家に売って資金にするところから始めるとしましょう。その後、「武器と防具」を王様から「受注」して、「納品」するイベントが発生し、それで儲かったお金で老人から「空き店舗」を買って自分の店を持ったとします。

　ここで、「この世界」のすべての取引が記録された「エンマ帳」があると思ってください。上記の例だと、これは次のようになります（なお、各登場人物はプレイヤーである「武器屋」以外とも取引しているはずですが、ここでは関係ないので省略します）。

●表11-01 「この世界」のエンマ帳

ID	日付	獲得したもの	額面	獲得者	取引相手
～	～	～	～	～	～
001	3/15	ゴールド	25,000	武器屋	資産家
001	3/15	女神像	25,000	資産家	武器屋
～	～	～	～	～	～
002	4/1	武器と防具	19,200	武器屋	商店
002	4/1	ゴールド	19,200	商店	武器屋
～	～	～	～	～	～
003	4/10	ゴールド	60,000	武器屋	王様
003	4/10	武器と防具	60,000	王様	武器屋
～	～	～	～	～	～
004	4/20	自分の店	35,000	武器屋	老人
004	4/20	ゴールド	35,000	老人	武器屋
～	～	～	～	～	～

1回の取引に同一のIDを付与しました。同一のIDを持つ行が2つずつあります。1回の取引で、武器屋が何かを獲得すると同時に、取引相手も何かを獲得しているので、(ゲーム的にいえば)2つのイベントが同時に発生しているからです。これを「**取引の二面性**」といいます。

⊕ テーブルの結合による仕訳

同時に発生している2つのイベントを1行で表してみましょう。

最初に、この「エンマ帳」から改めて武器屋に関するテーブルを2つ作ります。まずは武器屋が獲得者である場合です。SQLで表現すると次のようになるでしょう。

```
SELECT ID, 日付, 獲得したもの, 額面, 獲得者, 取引相手
FROM エンマ帳
WHERE 獲得者 = '武器屋'
```

●表11-02「武器屋が獲得者」のテーブル

ID	日付	獲得したもの	額面	獲得者	取引相手
001	3/15	ゴールド	25,000	武器屋	資産家
002	4/1	武器と防具	19,200	武器屋	商店
003	4/10	ゴールド	60,000	武器屋	王様
004	4/20	自分の店	35,000	武器屋	老人

次に武器屋が取引相手である場合です。

```
SELECT ID, 日付, 獲得したもの, 額面, 獲得者, 取引相手
FROM エンマ帳
WHERE 取引相手 = '武器屋'
```

●表11-03「武器屋が取引相手」のテーブル

ID	日付	獲得したもの	額面	獲得者	取引相手
001	3/15	女神像	25,000	資産家	武器屋
002	4/1	ゴールド	19,200	商店	武器屋
003	4/10	武器と防具	60,000	王様	武器屋
004	4/20	ゴールド	35,000	老人	武器屋

この2つのテーブルを取引ごとに付与されたIDで内部結合すると次のようなテーブルが得られます。

SECTION-53 ● エンジニア的複式簿記

```
WITH
  A AS (
    SELECT ID, 日付, 獲得したもの, 額面
    FROM エンマ帳
    WHERE 獲得者 = '武器屋'
  ),
  B AS (
    SELECT ID, 日付, 獲得したもの, 額面
    FROM エンマ帳
    WHERE 取引相手 = '武器屋'
  )
SELECT
  A.ID AS ID,
  A.日付 AS 日付,
  A.獲得したもの AS 武器屋が獲得したもの,
  A.額面 AS 額面（武器屋）,
  B.獲得したもの AS 取引相手が獲得したもの,
  B.額面 AS 額面（取引相手）
FROM A
INNER JOIN B
ON A.ID = B.ID
ORDER BY 日付
```

●表11-04 内部結合したテーブル

ID	日付	武器屋が獲得したもの	額面（武器屋）	取引相手が獲得したもの	額面（取引相手）
001	3/15	ゴールド	25,000	女神像	25,000
002	4/1	武器と防具	19,200	ゴールド	19,200
003	4/10	ゴールド	60,000	武器と防具	60,000
004	4/20	自分の店	35,000	ゴールド	35,000

これは、複式簿記における仕訳と同じ形をしています。

⊕ 仕訳

厳密な定義については簿記の参考書に譲ることといたしまして、ここでは「仕訳」を「1回の取引で同時に発生したイベントを結合すること」とします。

仕訳帳の形式になるように、上記の表を、武器屋の視点での取引の内容に応じて書きかえてみましょう。

「ゴールド」は、要は現金です。ダンジョンでただで拾った「女神像」を売って得た収入は（悩みどころですが）「雑収入」、「武器と防具」は、買った場合は「仕入」、売った場合は「売上」になります。なお「自分の店」も固定資産ですが、「建物」にするのが妥当でしょう。

●表11-05 仕訳帳

ID	日付	借方 (勘定科目)	借方 (金額)	貸方 (勘定科目)	貸方 (金額)
001	3/15	現金	25,000	雑収入	25,000
002	4/10	仕入	19,200	現金	19,200
003	4/20	現金	60,000	売上	60,000
004	4/30	建物	35,000	現金	35,000

一気に夢がない感じになってしまいました。

なお、仕訳帳のカラム名の「借方」「貸方」も、仕訳のルールに則った書き方です。このようなカラム名がついているのにも理由がありますが、本書では省略します。詳細は別途簿記の参考書をご覧ください。

⊕ 借金した場合

ところで1回の取引でやり取りする額面をそれぞれ併記するのはいかにも冗長であるように感じられますが、1対1対応しない場合があります。

武器屋が資産家からゴールドを借りたとしましょう。この状況は次のようになります。

●表11-06

借方(勘定科目)	借方(金額)	貸方(勘定科目)	貸方(金額)
ゴールド	25,000	借用書	25,000

借用書は、現実世界では双方が持っておくものですが、「この世界」では債権を具現化したもので、破ると借金がチャラになる類の「アイテム」だとしておきます。

この仕訳は次のようになります。

●表11-07

借方(勘定科目)	借方(金額)	貸方(勘定科目)	貸方(金額)
現金	25,000	借入金	25,000

借用書の額面は、利息も合わせて27,500だとしましょう。ゴールドを返すと、次のような取引になります。

●表11-08

借方(勘定科目)	借方(金額)	貸方(勘定科目)	貸方(金額)
借用書 (元本+利息)	27,500	ゴールド	27,500

SECTION-53 ● エンジニア的複式簿記

仕訳は、「借用書（元本＋利息）」を「借入金」と「支払利息」と分けて書いて、次のようにします。

● 表11-09

借方（勘定科目）	借方（金額）	貸方（勘定科目）	貸方（金額）
借入金	25,000	現金	27,500
支払利息	2,500		

個人的には、現金も元本分と利息分とを分けて書いてよいのではと思うのですが、このように書くのが慣例のようです（データ構造としては実はタプルの配列だったわけです）。

いずれにしろ「額面の合計」が借方と貸方とで一致していることが重要です。

⊕ ここで単式簿記

ここまでの説明で、「単式簿記」については特に言及しませんでした。「**単式簿記**」は、いわゆる「おこづかい帳」です。これは手元の現金が増えたり減ったりを記録するもので、本来ならば帳簿の基本です。

上記の「仕訳帳」から現金についてのみ抽出すると、「おこづかい帳」になります。これは簿記の用語では現金出納帳といいます。

```
SELECT ID, 日付, 額面（借方） AS 収入, 0 AS 支出
FROM 仕訳帳
WHERE 借方 = '現金'
UNION ALL
SELECT ID, 日付, 0 AS 収入, 額面（貸方） AS 支出
FROM 仕訳帳
WHERE 貸方 = '現金'
ORDER BY 日付
```

● 表11-10 現金出納帳

ID	日付	収入	支出
001	3/15	25000	0
002	4/10	0	19200
003	4/20	60000	0
004	4/30	0	35000

複式簿記は、名前からして単式簿記を拡張したもののように思えますが、上記の説明の通り、どちらかというと「エンマ帳」からそれぞれ別に切り出した結果であり、どちらかがどちらかに依存するものではありません。単式簿記からの導入は、かえって複式簿記の理解を妨げると思われます。

勘定科目の分類

キャッシュフローについての説明で、企業の活動が「営業活動」「投資活動」「財務活動」の3つに分けられることを述べました。それぞれの活動により各勘定科目は次のように分類されます。

- 営業活動：収入があると「収益」、支出があると「費用」。
- 投資活動：投資して得られたものは「資産」。
- 財務活動：借りたものは「負債」、出資を受けたものは「資本」。

なお、経営者が身銭を切って元手にした資本金も、企業から見ると出資を受けたのと同じなので「資本」です。

天下りで申し訳ないのですが、「収益」「費用」「資産」「負債」「資本」の各項目は次のように分けられます。

●表11-11

借方	貸方
費用	収益
資産	負債
	資本

取引の二面性により、イベントが同時に2つ発生することはすでに述べました。わかりやすさのために現金を基準に考えると、それぞれ次のような関係になります。

◉図11-02 勘定科目の分類

費用

借　方	貸　方
［費　用］	現　金
「費用」が発生した	同時に現金を払った（対価などとして）

資産

借　方	貸　方
［資　産］	現　金
「資産」を持った	同時に現金を払った（資産に対する）

収益

借　方	貸　方
現　金	［収　益］
現金を得た（対価などとして）	同時に「収益」が発生した

負債

借　方	貸　方
現　金	［負　債］
現金を得た（返さなければならない）	同時に「負債」が発生した

資本

借　方	貸　方
現　金	［資　本］
現金を得た（出資を受けて）	同時に「資本」を入れた

改めてP/LとB/S

さあ、だいぶ長い紙幅を費やしました。ここまで来てようやくP/LとB/Sについてです。

さて、P/Lは「収益」と「費用」を集計したものでした。また、B/Sは「負債」や「資本」や「資産」のスナップショットでした。簡略版ですが、それぞれ次のようになります。

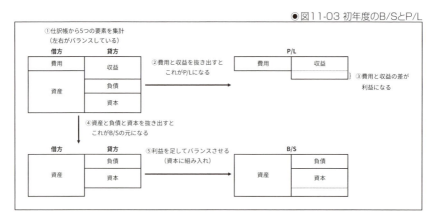

◉図11-03 初年度のB/SとP/L

利益とは何か

やっと利益とは何かを説明できます。利益とは、P/Lのはみ出た部分です。

たとえば売上ではなく借金で現金を増やしても、P/Lでははみ出ないので利益にならないことがわかります。

武器屋のP/LとB/S

武器屋の仕訳帳に戻りましょう。この武器屋は3月締めで決算をすることになっているとします。最初の年度でこの武器屋は1回の取引（女神像の売却）しかしませんでした。

●表11-12 初年度の仕訳帳

ID	日付	借方 （勘定科目）	借方 （金額）	貸方 （勘定科目）	貸方 （金額）
001	3/15	現金	25,000	雑収入	25,000

高さを額面だとしてグラフを描くと下図のようになります。

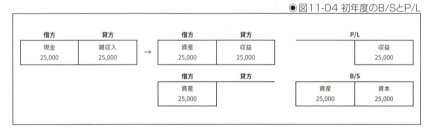

●図11-04 初年度のB/SとP/L

「手元にある現金がまるまる収益」というシンプルなP/L、そして「資産は手元にある現金のみ」というシンプルなB/Sです。なお、株式会社だと利益は株主への配当金の原資になりますが、個人商店の場合は資本金に振り替えます。

次年度で、商品の売買（仕入と売上）があり、さらに建物を買いました（図11-05）。現金は「資産」なので左（借方）に計上しますが、この年度の仕訳帳では右（貸方）にも現れています。これは取引先が得た現金──すなわち武器屋が支払った現金──なので、借方の現金──すなわち武器屋が得た現金──と相殺します。

仕入は費用、売上は収益、建物と現金が資産です。初年度に利益から組み入れた資本もあります。まとめて書くと次の通りです。左右の高さが合っていることにご注目ください。

SECTION-53 ● エンジニア的複式簿記

図11-05 次年度のP/LとB/S

　本来は資産の減価償却の分が費用になるのですが、そこまでは説明できないのでご容赦ください。

取引の二面性についての補遺

　本文では、「取引の二面性」を「同時に発生しているイベント」と説明しましたが、多くの簿記の参考書では、「原因と結果」と説明しています。

　同じ現金の支出でも、「現金が減った（結果）のは、商品を仕入れたから（原因）だ」という場合と、「現金が減った（結果）のは、借金を返したから（原因）だ」という場合とで区別すべきだ——という理屈です。

　これ自体は素晴らしいアイディアなのですが、「原因と結果の対応関係」を「二面性」と呼ぶのは直感に反します。

　それよりは、「1つの取引を自分と相手との両面から見ている」というイメージで、「二面性」を理解したほうがよいだろうと考えて、本書ではあえて上記の説明を選んだ次第です。

SECTION-54

技術的負債

　エンジニアのための本で、財務会計についてここまで詳細に述べているものも少ないでしょう。財務会計とエンジニアリングの両方について言及できる折角の機会ですので、本筋からは少々、外れますが、ここで財務会計の考え方に基づく技術的負債の解釈について述べたいと思います。

⊕ 先取り約束機

　技術的負債（technical debt） は、システム開発時に先送りした問題を借金にたとえたアナロジーです。

　またドラえもんの話で恐縮ですが、「のび太の大魔境」という長編がありまして、キーとなるアイテムとして「先取り約束機」というひみつ道具が出てきます[49]。

　ちょっとトリッキーな効果が得られる道具で、この道具を使って約束すると、結果だけが先取りできます。たとえば「明日、必ずごはんを食べるから」と、この道具で「約束」すると、いまお腹が満たされます。食事が出てくるのではなく、「満腹になるという結果」だけ得られるのが不思議なところです。その代わりに、次の日には2日分のごはんを食べないといけないというもので、先取りした結果に対して自分の行動で返さなければならない点が特徴的です。

⊕ 「動くシステム」の先取り

　一般に、システムの保守性の高さと開発に掛かる時間との間にはトレードオフがあります。課題を手っ取り早く解決するために、後々、問題が生じかねないことを承知しながらも、安直だが早い方法を選択せざるを得ない状況はままあります。

　たとえば、ソースコード中にリテラルで直接、書いてしまうことをハードコーディングといいますが、技術的負債を生み出すもとの最たるものです。

🌐 手っ取り早く作った場合

たとえば、本来10,000のコストをかけて作り込むべき「動くシステム」を、納期の関係で手っ取り早く7,000のコストで作ったとします（この7,000の中には時間的コストも含みます）。

◆「技術的負債」を載せる

この「手っ取り早く作った場合」をB/S風に書いて見ましょう。

◉表11-13 7,000のコストで手っ取り早く作った

借方（勘定科目）	借方（金額）	貸方（勘定科目）	貸方（金額）
「動くシステム」	7,000	コスト	7,000

何と「動くシステム」が安く上がっています。このやり方は、一見すると最高です（なお、複式簿記では左右の辻褄が合っていないといけないのと、かかったコストを素朴に右側（貸方）に書いたので「動くシステム」が7,000になりました）。

ところで手元にある「動くシステム」は、手っ取り早く作ったからといって当座は動いている点には変わりなく、作り込んだシステムと機能は（いまのところ）遜色ありません。あたかも、「先取り約束機」で結果だけ得たかのように。

手っ取り早く作った場合、実は10,000の「動くシステム」という結果を手に入れている——と考えてみましょう。しかし、実際にかかったコストは7,000です。この差が技術的負債と考えて次のように表現してみるとこうなります。

◉表11-13 7,000のコストで手っ取り早く作った

借方（勘定科目）	借方（金額）	貸方（勘定科目）	貸方（金額）
「動くシステム」	10,000	コスト	7,000
		技術的負債	3,000

「一見すると動く（10,000相当）のシステムを、手間をかけず（7,000のコストで）作ると、差分（3,000）が技術的負債になる」という「見立て」です。

◆「技術的負債」を精算

さて、この技術的負債を後の改修によって直したとします。先取り約束機で「後で必ず改修するから」といって結果だけ得たようなものなので、必要な改修です。

積まれていた技術的負債は3,000でも、3,000のコストで改修できるとは限らず、一から作り直す必要などが生じて普通は余計に費用が掛かります。

たとえば5,000のコストがかかったとして、B/S風に書くとこうなります。

◉表11-15「技術的負債」を精算するとこうなる?

借方(勘定科目)	借方(金額)	貸方(勘定科目)	貸方(金額)
技術的負債	3,000	コスト	5,000
(技術的負債の)支払利息	2,000		

「技術的負債の返済に2,000の余計な費用が掛かった」という状況になります。まあ、よくあることです。

🌐 リスクとして見積もっておく場合

なお、現在の会計基準では「技術的負債」を計上する必要はないので、以上の話はあくまでたとえ話です。

もっと単純に、「将来的に費用をかけて改修しなければならない」ことについてのリスクを見積もっておくほうがよいでしょう(エンジニアの視点からすれば、このリスクはしばしば明らかです)。

リスクを取り扱う概念として「引当金」があります。上記の例のように7,000のコストでシステムを作り、将来的に5,000のコストがかかるリスクが明らかであるとき、たとえば次のようにします。

◉表11-16 引当金

借方(勘定科目)	借方(金額)	貸方(勘定科目)	貸方(金額)
「動くシステム」	7,000	コスト	7,000
引当金繰入	5,000	引当金	5,000

「引当金繰入」は費用としてP/Lに、「引当金」は負債としてB/Sに載ります。この場合の引当金が「技術的負債」と考えられるでしょう。

繰り返しになりますが、技術的負債はあくまでアナロジーです。特に「積み重なって将来的に破綻する」という点に着目したもので、企業の負債というより個人の借金をイメージしたものと考えられます。

しかしながら、考えようによってはB/Sに乗っかるれっきとした「負債」であるということを、エンジニアのみならず経営者にも念頭に置いていただきたいと思います。

SECTION-55

本章のまとめ

　本章の内容は、ずばり日商簿記3級です。聞くところによれば、経営学修士（MBA）の教育課程においても、簿記3級程度の知識は必要とされているそうです。本書の読者が特に取る必要はありませんが、筆者がチャレンジしてみたところ、用語を丸暗記する必要があまりないので、数多ある資格の中では比較的取りやすいもののように思いました。

　なお、技術的負債の節は本書独特の見解ですので、あしからずご了承ください。

　ほかに参考になる文献は次の通りです。

　文献[50]は実在のアイドルを主人公に据えた物語仕立ての入門書で、複式簿記の成り立ちを描こうとしている点が独特です。

　また、Webページ[51]は本書の執筆中に公開された記事ですが、ちょうどぴったりのテーマなので挙げました。やはり技術的負債は引当金に対応するという結論になっています。

🌐 本章の参考文献

[49] 藤子・F・不二雄『大長編ドラえもん「のび太の大魔境」』、
　　 てんとう虫コミックス, 小学館, 1985.

[50] 衛藤美彩・澤昭人
　　 『なぜ彼女が帳簿の右に売上と書いたら世界が変わったのか?』、
　　 PHP研究所, 2016.

[51] R.Tsuda,「技術的負債の「会計的」性質」, 2018,
　　 URL:https://medium.com/@hqac/
　　　　　　　　　　　技術的負債の-会計的-性質-eb81c6df33fa

CHAPTER 12

指標を考える

 本章の概要

「データマイニングを始める前に」の章で述べたように、データマイニングの目的の1つはデータ分析の結果を意志決定に役立たせることでした。データマイニングは、「仮説なしで集められたデータからパターンを見いだそうとする行為」であるので、意思決定の問題に対しても適切な指標がない場合があります。その場合、「何を指標として計算するべきか」というところから考えなければなりません。

本章では、環境分析から施策実施までの簡単な流れを述べてから、企業価値を計る指標である会計指標について説明し、指標のブレークダウンという考え方を示します。さらに指標がブレークダウンできる例としてアドテクノロジーにおける指標とハーフィンダール・ハーシュマン指数について述べます。

SECTION-56

指標の重要性

　本章の導入として、北米のメジャーリーグベースボールを舞台にしたドキュメンタリーである『マネー・ボール』に言及します[52]。『マネー・ボール』は、データ分析に基づくマネジメントの有用性を説くためによく引き合いに出されますので、ご存じの方も多いと思われますが、あらましを簡単に述べます。

🌐『マネー・ボール』

　貧乏球団であったオークランド・アスレチックスのゼネラルマネージャーに就任したビリー・ビーンが、打率や防御率を度外視し、「イニングを終了させないこと」が得点に寄与するとして、これを重視して選手を登用したところ、年俸総額がトップ球団よりも遥かに低い状況で、高い勝率を挙げた——というのが『マネー・ボール』のあらましです。

　このエピソードのポイントは次の2点です。
- ビリー・ビーンが採用したほうがより適切な指標であった
- 年俸は別の指標で決まっていた

　「より適切な指標」を導入することで勝率が高まることはもちろんですが、もう1点も重要です。

　打率や防御率が高かったり足が速かったりする選手のほうが年俸が高くなる傾向があったそうですが、これらが得点に直接には寄与しない指標であることがデータ分析によりわかっていることを、ビリー・ビーンは知っていました。得点に貢献するかどうかとは別の基準で選手が「取引」されているのですから、その差が大きい選手を中心に集めることで、選手の費用対効果が高いチームを作れたわけです。

🌐 セイバーメトリクス

　ビリー・ビーンが採用した指標の考え方のもとは、ライターのビル・ジェイムズが著した『野球抄(The Bill James Baseball Abstract)』という自費出版の冊子です。ビル・ジェイムズは、この冊子にまとめた野球のデータ研究を**セイバーメトリクス(sabermetrics)** と名付けていました。

　「あくまで仮説である」という留保つきではありますが、この中で打者の攻撃力について次のような式が提案されました。

$$[得点数] = \frac{([安打数] + [四球数]) \times [塁打数]}{[打数] + [四球数]}$$

　安打(ヒット)の数だけではなく四球(フォアボール)の数が考慮に入っている点と、得点に寄与すると考えられていた犠打(送りバント)や盗塁などは入っていない点が重要です(ちなみに、打数は打席数からヒット以外の出塁などを引いた数です。また、塁打数は塁に進んだ数で重みづけした安打数というべき量で、シングルヒットを1、二塁打を2、三塁打を3、ホームランを4として和をとったものです)。

🌐 データマイニングへの期待

　前述の式は、ビル・ジェイムズが職人芸的に見いだしたものです。一方、データマイニングエンジニアは職人芸に頼らずに、「多変量解析」の章で述べたようなモデル化手法を用いることで、このような式を得ることができます。

　特に重要なのは、従前の指標では考慮に入っていなかった変数を抽出し、必要のない変数を除くことです。もちろん「あくまで仮説である」わけですが、ビジネス分野においては、データマイニングによりデータからパターンが見いだされ、仮説形成の手がかりが得られることが期待されています。

　仮説は環境分析から施策実施までの流れの中で必要になります。次節で詳述します。

SECTION-57

環境分析から施策実施

経営学の考え方に基づく環境分析から施策実施までの流れの一例を下図に示します。

●図12-01 環境分析から施策実施

本節では、KSFとKGIとKPIなどの用語について説明し、特にデータマイニングでKSFとKGIとKPIとを結びつけることの重要性について述べます。

⊕ KSF

「へぼ将棋　王より飛車を　可愛がり」という格言があります。目先の利益を追って大局で負けてしまうことを指します。逆にいえば、どれだけ駒を取られても相手の玉さえ詰ませればよいわけで、これが将棋における「勝利条件」です。

将棋の勝利条件が変わることはまずありえませんが、コンピュータゲームで遊んでいると、ゲームシステムは同じでもルールや勝利条件が異なり、取るべき行動が変わる状況はよくあります。ナワバリを広げたり、指定されたエリアを守ったり、ヤグラを運んだりと、さまざまです。

ビジネスにおけるルールや勝利条件、および(「パターンと距離」の章で述べた意味での)「勝ちパターン」は、**キー・サクセス・ファクター(KSF: key success factor)**と呼ばれます。

ただし、ゲームの場合と違って、KSFは天下りに与えられるものではありません。ルール(業界構造)について分析するファイブフォース分析などを経て見いだされます。

ファイブフォース(5Fs: five forces)は、経営学者のマイケル・ポーター(Michael E.Porter)が提唱したもので、5つの競争要因と訳されます[53]。「競争要因」については本書では深入りしませんが、「競争」については少し補足します。ポーターのいう「競争」は、すべての企業が1つの目標に向かって邁進する「最高を目指す」行為ではなく、各企業が収益を高めるべく行動する「自社の利益を最大化する」行為を指しています。したがって「勝利条件」たるKSFも、他社を下す条件というよりは、ハイスコアを獲得するための主たる要素としてお考えください。

『マネー・ボール』の例でのKSFは、「アウトにならず(イニングを終了させず)に得点に寄与する選手を獲得すること」です。前述のように「年俸は別の基準で決まっていた」という状況が、このKSFの設定を可能にしています。

これにより他チームより高い勝率を挙げるのですから、「他社を下す条件」ではないのか、と思われることでしょうが、あくまでレギュラーシーズンで勝利を挙げる条件でした。ポストシーズンでは、アスレチックスは思うように勝てなかったそうです(これについては後述します)。

🌐 KGI

KSFの定量的な指標をKGI(key goal indicator)といいます。たとえば、具体的な売上高やコンバージョン数(後述)が設定されますが、ただ単に目標として設定される値ではなく、KSFにつながることが重要です。

『マネー・ボール』の例では、出塁率と長打率(塁打数を打数で割った値)がKGIに対応していたと考えられます。

🌐 KPI

KPI(key performance indicator)は、KGI達成に寄与する量で、多くの場合で、KGIの中間目標と説明されます。たとえば、年間の売上高の目標値がKGIとして設定されているときに1月あたりの売上高の目標値がKPIとして設定されることも多くあります。

しかしながらKPIは本来なら、KGIを単に時間あたりに分けただけの量にするべきではありません。KGIとKPIの関係には、動的計画法のイメージが大変によくマッチします。動的計画法は、部分問題を解くことで全体の問題を解く方法でした。部分な目標として達成したときに、全体の目標であるKGIが達成される——という風に設計されたものが理想的なKPIです。

ここで、『そうだとすると「KPIがわかっている」ということは「問題が解けている」ということでは』とお思いになる読者の方も多いと思います。それはその通りで、KPI設計が難しい由縁です。

なお、『マネー・ボール』の例では、安打率、長打率はもちろんですが、四球数を重視したのも特徴です。さらにビリー・ビーンは、ストライクを見極める選球眼と、苦手な球に手を出さない慎重性を重視したそうです。これらがKPIに対応するでしょう。

⊕ KSFの抽出の難しさ

ところでアスレチックスがポストシーズンでは振るわなかったのは次の理由によります。

ポストシーズンでは7戦のうち4勝すればよいので、「投入すれば勝つ可能性が極めて高い投手」を2人だけ確保すれば勝てるそうです。つまり、初戦にその投手の1人目、2戦目に2人目を投入して、まず2勝を確実にします。2人の投手を休ませるために、続く3戦目、4戦目、5戦目は捨て試合にします。そして6戦目と7戦目にまたその2人を投入してプラス2勝で全体で4勝すれば、これが必勝のパターンとなるわけです。

なお、4/7≒.571は、決して高い勝率ではありません。Money Ball Yearと呼ばれる2002年のアスレチックスの勝率は.636だったそうです。レギュラーシーズンでは、複数のチームを相手に長い期間を戦うのでアスレチックスのほうが有利です。もっとも上記のような「必勝のパターン」を実施可能にするような投手は年俸が非常に高いので、いずれにしろ貧乏球団と言われたアスレチックスにとってのKSFとはなりません。あくまで、環境分析に基づいてKSFは抽出されるべきでしょう。

とはいえ本書はマーケティングやマネジメントの教科書ではないので、ここでは理想的なKSFの概念についてのみ述べ、実践についての詳細は参考文献[53]などに譲ります。

⊕ 指標を作る

ともあれKSFの抽出は何とかなったとしましょう。次はKGIの設定やKPIの設計のための指標作りが肝になります。

『野球抄』で提案された式を改めて見てみますと、分子は選手の打撃力と選球眼による出塁数と塁打数になっていることがわかります。

$$[得点数] = \frac{([安打数] + [四球数]) \times [塁打数]}{[打数] + [四球数]}$$

そして分母の「[打数] + [四球数]」は「出塁機会」というべき量です。ここで、当時は重視されていなかった指標である「[出塁率] = [出塁数] ／ [出塁機会]」が見いだされます。

現在のセイバーメトリクスで使われる指標でも出塁率が重視されます。代表的なものはwOBA(Weighted On-Base Average)で、重みつき出塁率というべき量です。

wOBAでは[出塁機会]は次のように計算されます。

$$[出塁機会] = [打数] + [四球] - [敬遠] + [犠飛] + [死球]$$

四球から敬遠を引いているのと、犠飛(犠牲フライ)と死球(デッドボール)が加わっているのとが違いです。なお、分母の出塁数に対応する量は、下記に示す各変数です。メジャーリーグと日本プロ野球とでそれぞれ重みづけして採用された係数を併記します。

●表12-01 wOBAの各変数と係数

変数	メジャーリーグ[※1]	日本プロ野球[※2]
四球 − 敬遠	0.72	0.692
死球	0.722	0.73
失策出塁	0.000	0.966
単打	0.888	0.865
二塁打	1.271	1.334
三塁打	1.616	1.725
本塁打	2.101	2.065

各係数は、wOBAが得点期待値を説明するように回帰分析で求めているようです。したがいましてこの表の見方は「多変量解析」の章で示した表の回帰係数と同様です。

これは打者の攻撃力を表す指標としては望ましいですが(打者の攻撃力をよく説明していますが)、直ちには施策につながるKPIとはなりません。本塁打の重みが一番大きいのですが、結局そのような打者は年俸が高いので、貧乏球団ではいかんともしがたいのは前述の通りです。

しかし、打者の年俸を表す基準を照らし合わせれば、貧乏球団でもコントロールしやすい変数をこの中から見いだすことができるでしょう。

[※1] FanGraphs Baseball(https://www.fangraphs.com/)による
[※2] 1.02 - Essence of Baseball(https://1point02.jp/op/index.aspx)による

COLUMN 『マネー・ボール』の功労者

　『マネー・ボール』はビリー・ビーンに焦点を当てたドキュメンタリーですが、セイバーメトリクスを見いだしたのは別の人物です。

　ビリー・ビーンの前のゼネラルマネージャーであったサンデイ・アルダーソンが、野球コンサルタントのエリック・ウォーカーに『野球抄』の内容をもとにした小冊子を作らせ、この小冊子をビリー・ビーンに渡して読ませた──という経緯のようです。

　このように説明するとアルダーソンこそがキーパーソンであるように思えます。しかしながら『マネー・ボール』を読むと驚くのはセイバーメトリクスの革新性に加えて、選手を躊躇なくクビにするビリー・ビーンの辣腕っぷりです。マネジメントとはデータ分析の力のみならず、実践する実行力との両輪であると実感させられます。

COLUMN 必勝のパターン

　「KSFの抽出の難しさ」で挙げた「必勝のパターン」は、実際にMLBでダイヤモンドバックスがとった戦略です。

　2001年のダイヤモンドバックスは、レギュラーシーズンの勝率が.568と、同年のマリナーズ（.716）やアスレチックス（.630）と比べて際立った成績とはいえないながらも、ランディ・ジョンソン、カート・シリングという2人の絶対的エースをフル回転させ、ポストシーズンを勝ち進みました。ヤンキースと対峙したワールドシリーズでは、両投手が先発した1戦目、2戦目、6戦目、7戦目で勝利を収め、両投手がMVPを同時受賞するという異例の結果となりました。

　ちなみに、ビリー・ビーンがゼネラルマネージャーとして辣腕を振るった10年間、5回ポストシーズンに進出しましたが、4回ディビジョン・シリーズで負けており、残りの1回もリーグ・チャンピオンシップ・シリーズで敗退し、一度もワールドシリーズに進出したことはありませんでした。

SECTION-58

会計指標

　前節で『マネー・ボール』における指標について述べましたが、おそらく本書の読者各位は球団のゼネラルマネージャーではないので、より一般的な指標として、本節では**会計指標**について述べます。

　なお、本節の説明には参考文献[54,55]を参照しました。

利益率

　会計指標の基本は「何とか割る売上高」です。売上高を事業規模の基準として、諸々の数値を評価します。利益率はその代表的なものです。

　考慮に入れる要素に応じていくつか計算方法がありますので、それぞれについて述べます（そもそも利益とは何かについては前章で説明しておりますので、適宜ご参照ください）。

◆ 売上高総利益率

　「売上高総利益率」は代表的な指標の1つです。これは「売上総利益」を売上高で割ったものです。

$$[売上高総利益率] = \frac{[売上総利益]}{[売上高]}$$

　売上総利益は、売上高から「売上原価」を引いたもので、大まかな利益という意味で「粗利」と呼ばれます。これを売上高で割って割合を出すという考え方は自然なものです。

$$\begin{aligned}[売上高総利益率] &= \frac{[売上高] - [売上原価]}{[売上高]} \\ &= 1 - \frac{[売上原価]}{[売上高]} \\ &= 1 - [原価率]\end{aligned}$$

◆ 営業利益率

また、粗利から「販管費（販売費および一般管理費）」を差し引いたものを「営業利益」と呼んで、売上高で割ったものを「営業利益率」と呼びます。

$$[営業利益率] = \frac{[営業利益]}{[売上高]}$$

$$[営業利益] = [粗利] - [販管費]$$
$$= [売上高] - [売上原価] - [販管費]$$

販管費は、本業にかかるものではあるものの売上高に直接には対応しない費用の総称で、具体的には広告宣伝費や研究開発費などです。

この式は次のように変形できて、「収入に対してかかった費用の割合を1から引く」という形になるので、納得感があります。

$$[営業利益率] = \frac{[売上高] - [売上原価] - [販管費]}{[売上高]}$$
$$= 1 - \frac{[売上原価] + [販管費]}{[売上高]}$$

◆ 経常利益率と純利益率

さらに営業外損益を計算に入れた利益を「経常利益」、特別損益や税金を計算に入れた利益を「純利益」と呼び、やはり売上高で割ってそれぞれ「経常利益率」「純利益率」と呼びます。

$$[経常利益率] = \frac{[経常利益]}{[売上高]}$$

$$[経常利益] = [営業利益] - [営業外費用] + [営業外利益]$$

$$[純利益率] = \frac{[純利益]}{[売上高]}$$

$$[純利益] = [経常利益] - [特別損失] + [特別利益]$$

営業外損益は本業以外の活動に伴う損益、特別損益は臨時的な活動や偶発的な事象に伴う損益です。

営業外損益や特別損益には、それぞれ「営業外収益」や「特別利益」と呼ばれる売上以外の収入が含まれています。これらの収入は分母に足すのではなく分子に足すところに注意してください。売上高総利益率や営業利益率については「収入と支出の差」を「収入」で割るという計算になっていましたが、経常利益率や純利益率の計算方法も含めて全体を見ると、とにかく「売上高を事業規模の基準とする」という考え方が垣間見えます。

総資産回転率

この考え方に基づいて、資産の多寡も売上高と比較して多いか少ないかを考えます。なお、会計指標としては、利益率とは逆に売上高を分子にして次のように計算します。

$$[総資産回転率] = \frac{[売上高]}{[総資産]}$$

ところで、売上高はP/Lに載っている値です。一方、総資産はB/Sに載っている値です。

前章で説明した通り、P/Lは期間に対応する一方で、B/Sは期末のスナップショットですので、「異なるものを混ぜてよいのか」という疑問が湧きますが、実際には、P/Lで対象となる期間の前後の値の平均を使うなどの工夫を施します。

自己資本利益率（ROE）

株主にとっての企業の価値を示す指標として、「自己資本利益率（ROE: Return on Equity）」がよく使われます。ROEは次のように計算されます。

$$[ROE] = \frac{[純利益]}{[株主資本]}$$

企業の総資産のうちの、資本金をはじめとする「株主の持ち分」が株主資本です。そして純利益は、期末の決算で資本金（すなわち「株主の持ち分」）に算入されます。したがって株主にとっては、この比率が高いほど利回りが良いということになります。

指標のブレークダウン

　一見すると、ROEには売上高が入っていないように見えます。会計指標の基本に沿わない量なのでしょうか。

　実はそうではなくて、ROEには別の表現があります。

$$[\text{ROE}] = \frac{[純利益]}{[売上高]} \times \frac{[売上高]}{[総資産]} \times \frac{[総資産]}{[株主資本]}$$
$$= [売上高純利益率] \times [総資産回転率] \times [財務レバレッジ]$$

　前述の売上高純利益率と総資産回転率が出てきました。これらに売上高が含まれています。なお、財務レバレッジは、株主資本を基準としてどの程度大きい資産を動かしているかを示す指標です。

　上記の式で、「売上高」と「総資産」はそれぞれ分子と分母にあるので相殺されて、結局は「純利益／株主資本」になります。

　経営指標のこのような分解は**ブレークダウン**と呼ばれます。特にROEをこのように分解するブレークダウンは、化学系複合企業のデュポン社が始めたことから**デュポンシステム**と呼ばれています。

　ブレークダウンによって具体的に取るべき施策が明らかになります。

　もともとのROEの定義の「純利益／株主資本」は、「これが高いことが何を意味するか」は明らかですが、「どうすれば高くなるか」については曖昧です。

　シンプルに考えると「純利益を増やす」か「株主資本を減らす」かのいずれかですが、純利益は前述のように売上高以外の収益も含まれる量ですから、漠然とこれを上げようとするのは困難です。一方、株主資本を減らそうとするのは本末転倒のように思われます。

　ブレークダウン後は、3つの経営指標の積になっていますから、売上高純利益率（収益性）を上げる総資産回転率（資産効率性）を上げる財務レバレッジを上げるという3つの戦略が見えてきます。

　以上のことから、ROEは株主にとっての利回りの良さを示す指標であると同時に、利益率や資産などを総合的に評価する指標とされます。

SECTION-59

アドテクにおける指標

　ここでは指標がブレークダウンできる他の例として、インターネット広告に関するいくつかの指標について述べます。

● アドテクノロジー

　インターネット広告の配信や最適化に関する技術的な要素を総称して**アドテクノロジー（ad technology）**といいます。略してアドテクと呼ばれます。

　インターネット広告の黎明期では、任意のバナー広告をWebサイトの作者が自分で埋め込む形が主流でした。バナー広告とは、リンクつきの広告画像のことで、基本的に横長の形状をしているものを指します。リンクによって広告主が誘導したいページへの動線が作られる点で、従来の広告と一線を画していました。

　その後、広告入稿の人的な運用負荷の軽減のためにコンテンツサーバーと広告配信サーバーとが分離され、さらに記事の内容やアクセスしたユーザーに応じて広告の内容を変える仕組みが確立されて、自動的な広告の最適化が実現しました。

　インターネット広告では、広告の出稿の仕組みも独特です。テレビや新聞、雑誌などでは、一定の広告料を支払って広告枠を買い取って占有権を得て、すべての視聴者や読者に対して同じ広告を見せることになります。一方、インターネットでは上記の通り動的に広告枠の内容が変化します。これは、Webページが表示されるたびにリアルタイムなオークションが実施されて、落札した広告主の広告が埋め込まれる仕組みによって実現します（これはアドエクスチェンジと呼ばれる仕組みで、背景にある理論は非常に興味深いのですが、本書では詳細は割愛いたします）。

　コンテンツ提供者（メディア）にとっては広告枠が高く売れ、広告主にとっては予算に応じて効果が見込める広告を出すことができ、読者にとっては自分の関心に応じた広告が表示されることでストレスが軽減される——というのがアドテクノロジーが目指すところです。

🌐 広告の指標

以上の背景のもと、インターネット広告の良し悪しを計る指標を見てみましょう。

◆ クリック率

広告の露出を**インプレッション(Imp: impression)**と呼びます。**クリック率(CTR: click through rate)**はインプレッションの総数に対するクリック数の割合です。

$$[\text{CTR}] = \frac{[\text{Click}]}{[\text{Imp}]}$$

これが高い広告はクリックされやすい広告ということで、基本的な指標です。

◆ コンバージョン率

広告主が期待する行動を客がとることを特に**コンバージョン(CV: conversion)**といいます。定義は広告主によりさまざまですが、たとえば商品の購買やカタログ請求などです。

コンバージョン率(CVR: conversion rate)は、クリックの総数に対するコンバージョン数で、次の通りです(本書ではコンバージョン数をActionと表記します)。

$$[\text{CVR}] = \frac{[\text{Action}]}{[\text{Click}]}$$

クリックそのものがCVでない限り、広告がクリックされただけでその後のCVがなければ広告の効果は薄いので、素朴に考えるとCVRを上げることが最終的な目的になりそうです。

しかしながら、CVRは商品自体の魅力にも左右されますので、一概に広告の良し悪しで決まる量とも言いがたいところです。

◆ 広告の露出に対するコスト

インプレッションあたりにかかる(かかった)料金を**CPM(cost per mill)**といいます。1回あたりだと微々たるものなので、1000回あたりの料金として次のように表されます。

$$[\text{CPM}] = 1000 \cdot \frac{[\text{cost}]}{[\text{Imp}]}$$

◆ 広告のクリックに対するコスト

広告のクリックあたりにかかる(かかった)料金は**CPC(cost par click)**です。

$$[\text{CPC}] = \frac{[\text{cost}]}{[\text{Click}]}$$

CPMはインプレッション1000回あたりの料金ですが、CPCはクリック1回あたりの料金になります。

◆ コンバージョンに対するコスト

同様にコンバージョンあたりにかかる(かかった)料金は**CPA(cost par action)**です。

$$[\text{CPA}] = \frac{[\text{cost}]}{[\text{Action}]}$$

◆ ブレークダウン

CPMは次のようにブレークダウンできます。

$$[\text{CPM}] = 1000 \cdot \frac{[\text{cost}]}{[\text{Imp}]} = 1000 \cdot \frac{[\text{cost}]}{[\text{Click}]} \cdot \frac{[\text{Click}]}{[\text{Imp}]} = 1000 \cdot [\text{CPC}] \cdot [\text{CTR}]$$

また、CPCは次のようにブレークダウンできます。

$$[\text{CPC}] = \frac{[\text{cost}]}{[\text{Click}]} = \frac{[\text{cost}]}{[\text{Action}]} \cdot \frac{[\text{Action}]}{[\text{Click}]} = [\text{CPA}] \cdot [\text{CVR}]$$

前述のデュポンシステムと同様に、分子と分母にあえて同じ量を置くことで指標の積として表現できています。

🌐 課金モデル

さて、広告主が課金される(広告料が発生する)状況は、大きく分けて次の3つです。

- インプレッション課金型：インプレッション数に対して課金…CPMが固定
- クリック保証型：クリック数に対して課金…CPCが固定
- 成果報酬型：コンバージョン数に対して課金…CPAが固定

◆ インプレッション課金型 vs. 成果報酬型

メディアはCPMが高ければ高いほど(広告の単価が高いということなので)良いことになります。また、できればインプレッションがあった時点で売上が確定したほうが良いので、CPMが高い上でインプレッション課金(CPMが固定)にしたいところです。

一方、広告主はCPAが低ければ低いほど(広告の単価が安いということなので)良いことになります。できればコンバージョン数に応じて支払いたいので、CPAが低い上で成果報酬型(CPAが固定)がベストです。

◆ クリック保証型

クリック保証型(CPCが固定)は、間を取った良い方法です(一定の広告費に対してそれに応じたクリック数が保証されるので、クリック保証型と呼ばれます)。改めてCPMのブレークダウンを見てみましょう。

$$[\text{CPM}] = 1000 \cdot [\text{CPC}] \cdot [\text{CTR}]$$

ここでメディアがCPMを上げようと思ったら、(CPCは固定されているので)CTRを上げるのが有効な施策になります。

また、CPCのブレークダウンを式変形してCPAの式にすると次のようになります。

$$[\text{CPA}] = [\text{CPC}] \cdot \frac{1}{[\text{CVR}]}$$

ここで広告主がCPAを下げようと思ったら、(やはりCPCが固定されているので)CVRを上げるのが有効な施策になります。

メディアはクリック率を上げるべく努力するとよく、広告主はコンバージョン率を上げるべく努力するとよい——という構図が、クリック保証型の課金モデルによって自然に現れるのが面白いところです。

SECTION-60
再考：ハーフィンダール・ハーシュマン指数

さて、ここで「可視化」の章で述べた**ハーフィンダール・ハーシュマン指数**（本節では以下**HHI**）について再考します。

『「割合の二乗和」はよくわからない量』だと書きましたが、これも案外ブレークダウンできる指標かもしれません。

ここで若干、天下り的ですが、「シェアがすべて同じだと $1/n$ になる」ことに着目して、式変形により「 $1/n$ 」と「何か」の積の形にすることを考えましょう。この「何か」が、「シェアがすべて同じだと1になる量」で、かつ「シェアが偏ると1より大きくなる量」ならばハーフィンダール指数からうまく $1/n$ を抽出できればよさそうです。考えてみましょう。

● HHIのブレークダウン

平均を n 倍すると総和になるので、次のように変形できます。

●図12-02 HHIの式変形

x_i の平均を $\bar{x}$ とすると次のように書ける。

$$x_* = n\bar{x}$$

この $n\bar{x}$ を HHI の式に代入して、

$$\mathrm{HHI} = \sum_{i=1}^{n} \left(\frac{x_i}{n\bar{x}}\right)^2$$

$n\bar{x}$ は i と関係ないのでシグマの外に出して、

$$= \frac{1}{(n\bar{x})^2} \sum_{i=1}^{n} x_i{}^2$$

ちょっと書き方を変えると、

$$= \frac{1}{n\bar{x}^2} \cdot \underbrace{\frac{1}{n} \sum_{i=1}^{n} x_i{}^2}_{この部分}$$

「この部分」に2次モーメントが出てくる。

SECTION-60 ● 再考:ハーフィンダール・ハーシュマン指数

すでに「$1/n$」が見えているのですが、もう少しわかりやすくできます。2次モーメントが出てきたので、右辺は分散(標準偏差の2乗)を使って表せそうです。

◉図12-03 HHIのブレークダウン

標準偏差 s の式の「この部分」が左辺に来るように式変形すると、

$$s^2 = \underbrace{\frac{1}{n}\sum_{i=1}^{n} x_i^2}_{\text{この部分}} - \bar{x}^2$$

次のようになる。

$$\underbrace{\frac{1}{n}\sum_{i=1}^{n} x_i^2}_{\text{この部分}} = s^2 + \bar{x}^2$$

先ほど変形した HHI の式の、

$$\text{HHI} = \frac{1}{n\bar{x}^2} \cdot \underbrace{\frac{1}{n}\sum_{i=1}^{n} x_i^2}_{\text{この部分}}$$

「この部分」に代入する。

$$= \frac{1}{n\bar{x}^2} \underbrace{(s^2 + \bar{x}^2)}_{\text{元「この部分」}}$$

$1/\bar{x}^2$ をカッコの中に入れると、

$$= \underbrace{\frac{1}{n}}_{\text{「1/n」}} \underbrace{\left(\frac{s^2}{\bar{x}^2} + 1\right)}_{\text{「何か」}}$$

「1/n」と「何か」の積になった。

やりました、「$1/n$」とわかりやすい「何か」の積になりました。

「何か」の中身に着目すると、何と決め手になるのは「平均と標準偏差の比」だったということがわかります。

●図12-04 HHIの「何か」

$$\text{HHI} = \frac{1}{n}\left\{\left(\frac{s}{\bar{x}}\right)^2 + 1\right\}$$

$$\frac{s}{\bar{x}} = \frac{[標準偏差]}{[平均]}$$

シェアの偏りがない状態、すなわち標準偏差が0だと、波カッコの中身は0+1で1になりますから、HHIが $1/n$ になるのは明らかです。シェアが偏るほど、標準偏差が大きくなって、HHIも大きくなります。

平均と標準偏差の比を横軸にとると、HHIは2次曲線で次のように書けます。

●図12-05 HHI曲線

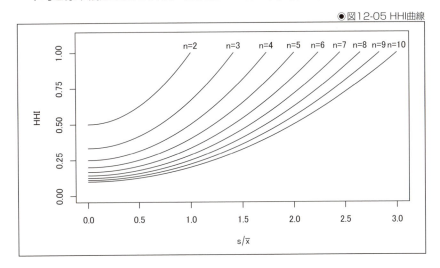

それぞれのカーブは、総数 n が2の場合、3の場合……と、10の場合までを表しています。

いずれの場合も、最小値（分散が0のとき）は $1/n$ で、シェアが偏るほど（分散が大きくなると）大きくなり、最大値は1です。ただし、市場にある企業数が大きくなるほどカーブはなだらかに——すなわちシェアの偏りに対して変動しにくく——なることがわかります。

5Fsとの対応

「KSF」についての説明でご紹介した5Fsのうちの1つは「既存企業同士の競争」ですが、その評価項目の筆頭に「競合の数が多い、または規模とパワーで同等」というものがあります。これがHHIで測れる量だとされています。

それがなぜかは、ブレークダウンした結果から明らかです。「$1/n$」が「競合の数が多い」に相当し、「平均と標準偏差の比」が「規模とパワーで同等」に相当していて、これらの積が「競合の数が多い、または規模とパワーで同等」になるわけです。

複合的な指標は「何かと何かの積」だったり、あるいは「何かと何かの和」だったりすることがあります。いったん「バラして」みることで、見やすくなることがあります。そのためのブレークダウンの有用性と考え方を示しました。

SECTION-61

本章のまとめ

　本章ではまず、『マネー・ボール』をモチーフにして指標の重要性について述べました。それはよいとして、以下、会計指標、アドテク、HHIと、雑多なトピックスが並んだので、当惑を覚えた読者もおられるかもしれません。しかしながら、いずれも指標をブレークダウンするという考え方が重要ということで一貫性を保ったつもりです。

　なお、最後の節の「HHIのブレークダウン」は、おそらく本書で初めて示されたのではないかと思います。筆者としては積の形式のほうがわかりやすいのですが、経営学を修めた人に意見を聞いたところ和の形式のほうがわかりやすいとのことで、感じ方の違いに面白さがあります。ともあれ、複合的なものを「何かと何かの積」や「何かと何かの和」で表すという考え方は重要で、「素因数分解が何の役に立つの」という中学生の素朴な疑問にも答えられるようになり、一石二鳥です。

　以下、本文で参照した参考文献をご紹介します。文献[52]はドキュメンタリーで、特にメジャーリーグに詳しくなくとも読みやすい本です。文献[53]は、分野外の人が読む入門書とは言いがたいのですが、巻末の基本用語集の解説を読みながらならば何とか読み進められると思います。文献[54]は平易に書かれた入門書で、本書で示したP/L、B/Sの考え方がわかっていれば難なく読めます。文献[55]は、比較的高い専門性があります。

🌐 本章の参考文献

[52] マイケル・ルイス『マネー・ボール〔完全版〕』, 早川書房, 2013, 中山宥(訳).

[53] ジョアン・マグレッタ『マイケル・ポーターの競争戦略〔エッセンシャル版〕』, 早川書房, 2012, 櫻井祐子(訳).

[54] 大津広一『ビジネススクールで身に付ける会計力と戦略思考力〈新版〉』, ポケットMBA, 日本経済新聞出版社, 2013.

[55] 大津広一『企業価値を創造する会計指標入門：10の代表指標をケーススタディで読み解く』, ダイヤモンド社, 2005.

CHAPTER 13
技術者倫理

>>> **本章の概要**

　技術者倫理は応用倫理の一分野で、専門的技能を持つ人間が備えるべき倫理についての学問分野です。データマイニングエンジニアは組織や社会の中で、データの取り扱いについての専門家として、非専門家からの信頼を得て責任を持たなければなりません。

　データマイニングは非専門家にとってはブラックボックスであることが多く、その結果が非専門家に受け入れられるためには、信頼関係が特に重要です。本章では、そのために必要な要素である専門家の予見可能性について述べます。さらにデータマイニングに特に関連する項目として、個人情報とプライバシーについて述べます。

SECTION-62
データマイニングエンジニアの倫理

「データマイニングを始める前に」の章で、データマイニングエンジニアに必要な素養には「計算機科学の素養」と「数理統計学の素養」とがあると述べました。

大雑把に考えれば、エンジニアのうち、「計算機科学の素養」を持つ者が「ITエンジニア」、さらに「数理統計学の素養」を持つ者が「データマイニングエンジニア」といえるでしょう（もちろん十分条件ではありませんし、それぞれに求められる素養も限定的です）。

それぞれのレベルで「プロフェッショナルとしての倫理」が求められます。これは**技術者倫理**の問題です。技術者倫理全般については他の教科書に譲ることといたしまして、ここではいくつかの倫理的トピックスをかいつまんで説明いたします。

⊕ どこまで責任があるのか？

「指標を考える」の章ではデータ分析に基づく経営が成功した例として『マネー・ボール』を挙げました。しかしながら、この本のすべてが「データ分析で大成功」というエピソードで占められているわけではありません。第4章の「フィールド・オブ・ナンセンス」は、1章分が丸々データ分析者の不遇の歴史です。

特にスポーツデータ企業のSTATS社が、ヒューストン・アストロズのマネージャーから調査を依頼されたエピソードが象徴的です。

依頼の内容は、「球場のフェンスを内側にずらすとチームの成績にどう影響するか」というものでした。フェンスを内側にずらすというのは、プレイングフィールドを狭くするということなので、ホームランが出やすくなります。これがアストロズにとってに有利に働くかどうか──という問いです。

データ分析によりSTATS社は「チームの成績は悪くなる」という結論を得て、そのように報告しました。しかし、フェンスは移動され、それどころか調査結果について箝口令が敷かれたというのです。

参考文献『マネー・ボール』から引用します。

> はなから、情報に照らして決断を下すつもりではなかったのだ。
> フェンスの移動はもともと決定済みだった。
> ホームランを増やせば観客が増えると思ったのだろう。
> 情報提供を求めてきたのは、心の準備をするためだった。

　何だか虚しくなるエピソードです。読者の中には身につまされる方もおられると思います。
　もっとも、これは経営判断の問題なので、データ分析者には責任はないという考え方もあります。つまり、調査結果を誠実に報告しさえすれば、十分に義務を果たしたことになるという考え方です。

🌐 責任と義務

　責任という用語は**義務**としばしば同義で使われますが、どのような違いがあるのでしょうか。ここでは参考文献[56,57]に基づいて責任と義務という用語について考えます。

◆ 入れ替えられる場合
　例として次の文言を挙げます。
- 例文1：「利用者にはデータをバックアップしておく○○がある」

この「○○」には、「責任」を入れても「義務」を入れても成り立ちます。
- ○「利用者にはデータをバックアップしておく**責任**がある」
- ○「利用者にはデータをバックアップしておく**義務**がある」

　このように入れ替えられる場合を見ると、「責任」と「義務」は同じような使い方ができる用語のように見えます。

SECTION-62 ● データマイニングエンジニアの倫理

◆ 入れ替えられない場合
しかしながら、次の文言では同じようには使えません。
- 例文2：「管理者にはデータが失われたことについての○○がある」

この場合、「責任」では成り立ちますが、「義務」では成り立ちません。
- ○「管理者にはデータが失われたことについての責任がある」
- ？「管理者にはデータが失われたことについての義務がある」

◆ 状態か行為かの違い
　責任と義務のどちらも「あるべき状態を達成したり維持するために必要で、その立場において当然であり、さもなければ非難される何か」です。しかしながら、「責任」は「状態について」のものである一方、「義務」は「行為について」のものです。

　「データをバックアップしておく」という表現は、「データがバックアップされているという状態」と、「データをバックアップしておくという行為」の両方の意味を持ちうるので、例文1の○○には「責任」と「義務」のどちらを入れても成り立ちます。例文1は実は、意図的に両方の意味にとれるように曖昧な書き方をしたものだったのでした。

　一方、「データが失われたこと」は、「データが失われたという状態」しか指さないので、例文2は義務についての言及にはならないわけです。

◆ それぞれの例文における「責任」の意味
　上記の例文では「責任」が意味するところもそれぞれ違います。
　例文1の「利用者にはデータをバックアップしておく責任がある」という文章を冗長に書くと次のようになります。
- 利用者には「データがバックアップされているという状態」についての責任があり、したがって「データをバックアップしておくという行為」を行う義務がある。

この場合の責任と義務との対応関係は明確です。

一方、例文2の「管理者にはデータが失われたことについての責任がある」を同様に冗長に書くと次のようになります。

- 管理者には「データが失われないようにするという行為」を行う義務があったにもかかわらず、それに反したために「データが失われたという状態」に対して責任がある(したがって弁償したり謝罪したりする義務がある)。

この場合、ある責任についての言及が、「果たされなかった義務」と「これから果たされなければならない義務」との両方に及んでいます。

以上のように、責任と義務との対応関係は少々複雑です。一口に「責任」といっても、対応する義務が諸々考えられる場合があります。倫理的な問題として考えるときには、この点に留意しておくことが必要でしょう。

義務と権利

何らかの望ましくない状態について、それにより不利益を被る人と、責任および義務がある人とが異なる場合が多くあります。

たとえばプライバシーに関わる情報を預かるサービスにおいては、「利用者のプライバシーが侵害される」という望ましくない状態について、権利が損なわれるのは利用者ですが、責任は事業者にあります。

一般には誰かの権利は、それ以外の誰かが責任を持って義務を果たさなければ保証されません(よくある誤解ですが、自分の権利と自分の義務とがバーターになっているのではありません)。

情報システムでは、ITエンジニアが責任を持って義務を果たさなければ利用者の権利は保証されません。

職務上の責任と道徳的責任

さて、エンジニアが負う責任は大きく次の2つに分けて考えることができます。

- 職務上の責任
- 道徳的責任

例として、前述した『マネー・ボール』の「フェンスを内側にずらす」件について考えます。この意志決定については、経営者がフェンスをずらすと決めていた以上、データ分析者にそれ以上の職務上の責任はありません。また、フェンスをずらすことが特に反道徳的であるとはいえませんので、道徳的責任も特にないでしょう。

しかしながら一般には上述のように、エンジニアが責任や義務を負うのは誰かの権利や利益を保護したり保障したりするためです。

権利同士は衝突することがあります。たとえばプライバシー権は報道の自由や知る権利と衝突します。報道の自由や知る権利を追求する意志決定を経営者が行ったとき、その決定に従うことに（従業員としての）エンジニアは職務上の責任がありますが、同時にそれが反道徳的である状況は十分に考えられます。すなわち職務上の責任と道徳的責任とが両立しない場合があります。

このようなときに果たして技術者はどう振る舞うべきか——これは技術者倫理の大問題です。しかしながら本書では大胆に割愛して他の技術者倫理の教科書に譲ります。ここでは、技術者が自分の置かれている状況を整理するための考え方として提示するに留めます。

🌐 専門家に対する信頼

データマイニングエンジニアが経営者に分析を求められたとき、意志決定に影響がない結果を出しても意味がありませんが、逆に意志決定に影響がある結果が受け入れられない状況があることはこれまでに述べた通りです。

経営者が技術については非専門家である一方で、エンジニアは経営については非専門家です。非専門家が専門家に対してどのような態度を取るべきか、参考文献『技術倫理』[56]のpp.105-106から引用します。

> 人間の福利に関する事柄についての知識が複雑になってしまった時代には，誰もが，自分の知らない知識を修得した人々に頼らざるを得ないのである．本当は能力がなかったり，依頼主や社会全般の福利に適切な配慮をしようとしない人間もいるかもしれないが，ともかく，プロフェッショナルに責任ある行動を取ってもらう以外によい方法はないのである．

すなわち、互いに信頼が必要であり、その信頼の基礎が専門家の倫理の遵守とそれを支える制度ということになるでしょう。

🌐 プロフェッショナルの責任

いきなり物騒なたとえ話で恐縮ですが、人を殴って怪我をさせると傷害罪になります。ただし、自分の身を守るためなどの理由ならば一般には正当防衛が認められます。しかし、そのときに凶器を持ち出すなどすると過剰防衛となり、やはり犯罪となってしまう場合があります。巷間では、「プロボクサーの拳は凶器」で、一般人なら正当防衛となる状況でも過剰防衛となってしまうといわれています。「力」を持つ者にはそれ相応の責任がある——ということでしょう。

一般にプロフェッショナルの責任は、次の2点によって「厳しめ」に評価されます。

- 結果の重大性
- 結果の予見可能性

同じことをするにしても、プロフェッショナル（専門家）の方が「広い範囲」に「大きい影響」を与えることができます。したがって、重大な結果（望ましくない状態）を引き起こしやすいでしょう。

また、専門家の方が知識と経験に基づいて、精度良く結果を予見できると見なされます。したがって、仮に同じ結果になってしまっても専門家の方が重い責任を問われます。

COLUMN 非専門家でも必要な倫理

さて、こういう話はプロフェッショナルでない人（非専門家）には関係ないかといえばそうでもありません。情報伝達における物理的な（特に時空間的な）制約がほとんどなくなった現代社会では、一般人でも大きな「力」を得てしまいました。情報を拡散させるのも取得するのも、「インターネット以前」や「スマートフォン以前」に比べて遥かに容易になりました。一般人といえどもそれ相応の責任を持って情報を取り扱わなければならなくなったのです。一般人ですら注意が必要で、いわんやITエンジニアにおいてをや、です。

SECTION-63

システムの自動化に伴う責任

　本書では特にITエンジニアが社会から責任を問われがちな状況の一例として、計算機による自動化が問題になったLibrahack事件を挙げます。

🌐 Librahack事件

　Librahack事件は岡崎市立中央図書館事件とも呼ばれます。2010年5月に岡崎市立中央図書館のWeb蔵書検索システムの利用者であった技術者が偽計業務妨害容疑で逮捕された事件です[58]。

◆ 発端

　その技術者（以下、被疑者）は図書館のWebサーバーで公開されていた新着図書情報にPCおよびレンタルサーバーから自動アクセスしてデータを収集していました。これはスクレイピングもしくはクローリングと呼ばれる行為で、この行為そのものには基本的に違法性はありません。しかし、これが原因で図書館のWebサーバーがダウンしたと見なされ、被疑者は自宅と実家の強制捜査を受けた上で逮捕されてしまいました。そして20日間勾留されて取り調べを受け、結局は起訴猶予となりました。

◆ その後の経緯

　「なるほど、いずれにしろサーバーが落ちるほどのアクセスはDoS攻撃にほかならないのでしてはいけないんだな」——という話ではありません。この事件はそんなに単純な話ではありませんでした。というのも、実はその後、Webサーバーの背後で動いていたシステムに不具合があったのが本当の原因だったことがわかったのです。

　当該システムは、データベース接続をCookieに基づくセッションによって管理する作りになっており、Cookieを受け入れないクライアントによるアクセスがあった場合、新たなデータベース接続が無制限に生成されてしまっていたそうです。これによりシステム内部でデータベースサーバーへのリソースを使い果たしてしまって、エラーを返す状態になってしまっていました。これが利用者からはWebサーバーがダウンしているかのように見えたわけです。

　以上の経緯で、最終的には被疑者には瑕疵がなかったことなどについて、岡崎市立中央図書館と被疑者とで合意するに至りました。

結果の重大性

　前述の通り、エンジニアが持つ技術によって「広い範囲」に「大きい影響」を与えた場合、引き起こされる**結果の重大性**の観点で責任が問われます。

　一般には、サーバーのリソースを使い果たしてサービスの提供を不能にする攻撃はDoS(Denial of Service)攻撃と呼ばれます。この場合、サーバーが持つ一定のリソースを消費することが利用者に許されているのが不正アクセスとの違いです。

　DoSを実行するには、すなわちサーバーが落ちてしまうほどの「大きい影響」を与えるためには、攻撃者もそれなりに「広い範囲」の計算機リソースを用意して活用できる技術を持つ必要があります。

　サーバーのダウンは「ITエンジニアでなければ引き起こされない結果」であることが、責任が強く問われる理由です。

結果の予見可能性

　それでは、被疑者に**結果の予見可能性**があったか、というと必ずしもそうではありません。

　まず、分量の問題です。当該システムに対するアクセス数は、ピーク時で10分間に2000アクセス程度だったそうです。これが、一般的なWebサーバーでの処理が困難であるほどの量であるとは、事件が起きた2010年5月当時でも到底いえません。

　上述の通り本事件の場合、実際に不具合が起きるか否かはひとえにCookieを受け入れるか否かによって決まるものでした。いまとなってはともかく、事件発生当時は、内部の処理を知り得ない(被疑者を含む)利用者にとっては(仮に専門家であっても)この不具合の発生は予見不可能だったと考えられます。

　ちなみにサーバーを構築した事業者が持つべきであった予見可能性については司法的には追及されませんでした。

🌐 改めて「権利と義務」

　繰り返しになりますが、「誰かの権利は、それ以外の誰かが責任を持って義務を果たさなければ保証されません」。

　この事件で権利が損なわれたのは、図書館の利用者と管理者、および逮捕された技術者です。それぞれの権利について誰が責任を持って義務を果たすべきだったのかを考えるべきでしょう。

　そして「専門家に対する信頼」の項の最後の引用部を改めてご覧ください。「ともかく，プロフェッショナルに責任ある行動を取ってもらう以外によい方法はない」のです。

SECTION-64

個人情報とプライバシーの保護

　前節ではITエンジニアの「力」について責任が問われた具体例を挙げました。本節ではデータマイニングエンジニアの「力」について、具体的には人を対象としたデータを取り扱うにあたって避けて通れない個人情報の保護について、法令とパターン認識論との両面からアプローチします。主に個人情報の定義と匿名化についての説明です。また、「パターンと距離」の章で述べた「みにくいアヒルの子の定理」が再び出て参りますので、適宜、ご参照ください。

●「とある人物」を特定する

　アキネイター（Akinator）は、2008年ごろに開設されたWebサービスの1つで、心に思い浮かべた人物を当てるランプの魔神です。

- アキネイター日本語版
  URL https://jp.akinator.com/

　たかだか20問程度の簡単な質問に、原則的には「はい」か「いいえ」で答えるだけで、ピタリと当ててくれます。2010年に日本語版が公開されて、あまりに高い的中率で話題になりました。

　試したことがない方は一度、遊んでみることをお勧めします。思い浮かべた人物が実在するか、フィクションのキャラクターであるかは問われません。いわゆる著名人であれば確実といっていいほどに当たりますし、あまり知られていない作品の脇役でも、ほぼ確実に当たります。

　ただ当たるだけではなく、「なぜこれだけの情報で?」と、驚くほど少なく、かつ簡単な質問で当たるのが特徴です。

　下記に一例を示します。「とある人物」を思い浮かべながらアキネイターとやり取りした結果です（これは一例で、いつも同じ質問がされるとは限りません）。

SECTION-64 ● 個人情報とプライバシーの保護

●表13-01 アキネイターからの質問と答え

質問	回答	想定された答え
実在する？	はい	はい
YouTuber？	いいえ	いいえ
名前はすべて漢字？	はい	はい
ドラマ出演経験がありますか？	いいえ	いいえ
35歳以上ですか？	はい	はい
スポーツに関係がある？	いいえ	いいえ
すでに亡くなっている？	いいえ	いいえ
一度でも結婚している？	はい	はい
政治に関係している？	いいえ	いいえ
恋ダンスを踊りますか？	いいえ	NONE
すでに亡くなっている？	いいえ	いいえ
個人的にあなたを知ってる？	いいえ	いいえ
音楽に関係してる？	いいえ	いいえ
お笑いタレント？	いいえ	いいえ
スーツを着てる？	たぶんそう部分的にそう	はい
様と呼ばれていますか？	いいえ	NONE
眼鏡をかけてる？	いいえ	いいえ
現在50歳以上？	いいえ	いいえ
先生と呼ばれる？	いいえ	いいえ
アクロバットが得意なグループ？	いいえ	いいえ
セクシービデオに出演したことがありますか？	いいえ	NONE
アナウンサー？	いいえ	いいえ
通り名がありますか？	いいえ	NONE
社長？	はい	はい
課金をよくしますか？	いいえ	いいえ

　最後の質問への回答の後、アキネイターはその「とある人物」を見事に当てました。

　この「とある人物」とは弊社の社長、藤田晋です。

　読者の中には「大体想像がついた」という方もおられることでしょうが、それにしてもこれらの要素だけで個人が特定されるとは驚きです。もし「渋谷」「IT企業」「麻雀」などのキーワードが含まれていたならまだしも、ほとんどはあまり関係なさそうな質問です。まして1つひとつは個人を特定しうる情報ではないことは間違いないでしょう。

　「いや、藤田晋は著名人だから当たっただけだろう」という反論はもちろん考えられます。著名であるから個人が特定されやすいのもやむを得ないという考え方もできましょう。つまりこれも1つの「有名税」に過ぎないのであって、一般の人には関係ないという考え方です。

　果たしてその考え方でよいのでしょうか。

個人情報保護法

ここで弊社社長のことはいったん置いておきまして、個人情報保護法について述べさせていただきます。

日本では2003年に個人情報の保護に関する法律（個人情報保護法）が成立し、法令上で定義された個人情報について、5001件以上を個人情報データベース等として保持する事業者はその保護について義務を負うことになりました。

同法は2016年に改正され、2017年5月30日に全面施行となりました。これにより保持する件数にかかわらず個人情報を業として取り扱うすべての事業者（個人情報取扱事業者）が同法の対象となりました。

本書では、2016年に制定されたものを改正法、2003年に制定されたものを旧法と呼びます。

◆ 個人情報保護法の建て付け

金融関連分野や医療関連分野、その他の特定分野（電気通信事業分野など）については、事業分野ごとにガイドラインが設けられています[59]。旧法では各主務大臣が所管する事業分野の事業者を監督していましたが、改正法の下では個人情報保護委員会が分野横断的に監督しています。

また、域外適用に関する規定があり、日本にある者に対する物品やサービスの提供に関連して個人情報を取得した場合、外国にある個人情報取扱事業者にも個人情報保護法が適用されます。

逆に、EU域内居住者（観光客なども含む）についてはEU一般データ保護規則（GDPR: General Data Protection Regulation）が日本国内の個人情報取扱事業者にも域外適用されます。

いずれにしてもどのルールが適用されるかは一概には判断できず、事業者の事業分野や個人の属性に応じて決まるのでご注意ください。

SECTION-64 ● 個人情報とプライバシーの保護

◆ 法令上の個人情報とは何か
個人情報保護法から条文を抜粋します。

> 第2条 この法律において「個人情報」とは、生存する個人に関する情報であって、次の各号のいずれかに該当するものをいう。
> 　一 当該情報に含まれる氏名、生年月日その他の記述等（〜略〜）により特定の個人を識別することができるもの（他の情報と容易に照合することができ、それにより特定の個人を識別することができることとなるものを含む。）
> 　二 個人識別符号が含まれるもの

「〜略〜」とした部分は「氏名、生年月日その他の記述等」の具体的体裁を限定している部分で、冗長なので本書では割愛いたしました。

原則として、「生存する個人に関する情報」は「個人情報」となりえます。死者については対象外なのですが、たとえば縁故者が生存していて、その権利や利益に関わる場合は、死者の情報であっても「生存する個人に関する情報」となりうるので、一概に個人情報ではないと断じることはできません。

⊕ 個人に関する情報
ここで改めて**個人に関する情報**とは何かについて考えます。

◆「万物流転、情報不変」
養老孟司氏は著書『バカの壁』で次のように述べています。

> 人間は寝ている間も含めて成長なり老化なりして変化している。

すなわち、流転しているというのです。
さらにヘラクレイトスの「万物は流転する」という言葉で例を挙げて、次のように述べています。

> そのギリシャ語は一言一句変わらぬまま、現代まで残っている。
> この言葉は情報である。そして永遠に残っている。

すなわち、不変であるというのです。養老孟司氏はこれを一言で要約して「万物流転、情報不変」としています。

◆ 情報とは「スナップショット」である

以上の考え方に基づくと、「情報」とは「物事の一瞬を切り出したスナップショット」であり、「個人に関する情報」とは「個人の一瞬を切り出したスナップショット」であるといえましょう。

特定の「個人」は、出生から死亡までの間、「流転」しながらも同一であると見なされます。

●図13-01 流転する個人

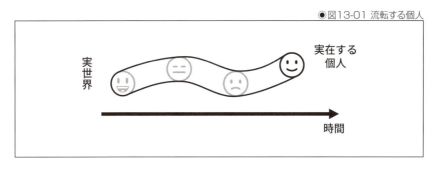

これが「情報化」されると、次のようなスナップショットになります。

●図13-02 個人の情報化

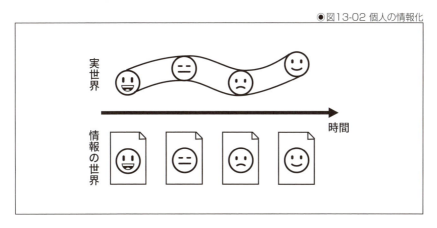

枠で囲われた中の情報は一体として扱われますが、それぞれ別のデータベースに載っているものと考えてください。

この枠の1つひとつが「個人に関する情報」を指しています。基本的には互いのつながりはなくバラバラです。また個人とのつながりも陽にはありません。情報同士の互いのつながりや、個人との陽なつながりは、「個人に関する情報」であることの要件ではない点にご注意ください。

⊕ 特定の個人を識別する

もう1つの個人情報の要件である「特定の個人を識別することができる」とはどういう状態かについて考えます。

◆ 識別子

バラバラのはずの情報を一意になる情報によって「串刺し」にして、同一の対象についての情報として扱うことがあります。このような働きをするように付与された情報を**識別子（ID: identifier）**と呼びます。

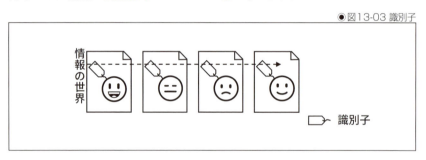

●図13-03 識別子

図ではすべての情報が紐づいていますが、対象となるデータベースにおけるある個人について一意であれば識別子と呼べます。

◆ 個人識別符号

前述の個人情報の定義に含まれていた**個人識別符号**は、実在する個人と結びつけることができる識別子を指します。改正法では、運転免許証番号などの個人に割り当てられた番号のほか、指紋などの身体的特徴に由来するものも個人識別符号として列挙されています。

●図13-04 個人識別符号

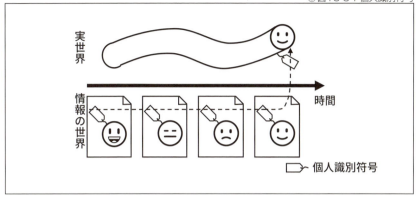

　実世界における個人は連続性を持っているので、どの時点で個人識別符号との対応が生じたかにかかわらず、個人識別符号が付与されたすべての情報（スナップショット）が個人に紐づけられる点にご注意ください。
　この状況は明らかに「特定の個人を識別することができる」状態です。

匿名化と仮名化

　「実名」の対義語としての「匿名」は、「氏名を仮名に置き換えたもの」や「氏名を削除したもの」を指しますが、用語としての匿名化はこれらと異なる処理を指します。ここでは匿名化の前にまず仮名化について述べます。

◆ 仮名化

　なお、旧法の下では、連結可能匿名化と連結不可能匿名化という考え方がありました。

- 連結可能匿名化：加工前の情報との対応表を持つ
- 連結不可能匿名化：加工前の情報との対応表を持たない

　いずれも識別子を置き換えることで、加工前の情報と連結できなくすることを指します（なお、置き換えた後の識別子を仮名IDと呼びます）。
　新法のもとでは、これらはいずれも**仮名化（pseudonymisation）** に過ぎない処理になり、匿名化の十分条件ではなくなりました。

SECTION-64 ● 個人情報とプライバシーの保護

● 図13-05 仮名化

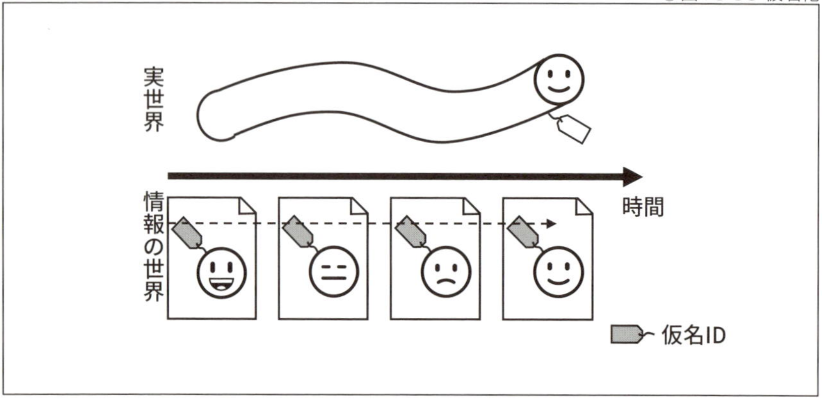

この状況は「特定の個人を識別することができる」状態ではありませんが、識別子は残っているので「個人を識別することができる」状態にはなっています。

◆ 準識別子による詳細化

仮名化により実在する個人と情報との間の対応はいったん失われましたが、個人と結びつく識別子が付与されていなくとも、同様の役割をする情報が含まれている場合があります。

準識別子（quasi-identifier）は、対象となるデータベースにおけるある個人について一意になる情報で、識別子でないものです。典型的なものは氏名です。名簿（対象となるデータベース）に同姓同名の人物が含まれていなければ、氏名が「ある個人について一意になる情報」なので準識別子となります。

情報の組み合わせで1つの準識別子として働く場合もあります。同姓同名の人は案外いますが、生年月日まで一緒の人はめったにいません。「氏名と生年月日」の組み合わせは本人確認にもよく使われます。

◆ 匿名加工

改正法では用語に**匿名加工情報**が加わり、匿名加工された個人データについては第三者提供が可能になる旨が明記されました。

改正法36条1項により、匿名加工の方法については「個人情報保護委員会規則」で定める基準に従う必要があります。しかしながら「個人情報の保護に関する法律についてのガイドライン（匿名加工情報編）」および各事業分野のガイドラインでは、例示が示されているだけで、具体的な手法については確立されていません。

なお、改正法第36条第1項の個人情報保護委員会規則で定める基準では、匿名加工で講ずるべき措置について次の1号から5号までを挙げています。

- 1号：特定の個人を識別することができる記述等の全部または一部を置換もしくは削除
- 2号：個人識別符号の全部を置換もしくは削除
- 3号：個人情報と連結可能になる符号を置換もしくは削除
- 4号：特異な記述等を置換もしくは削除
- 5号：当該個人情報データベース等の性質を勘案したその他の適切な措置

なお、1号は氏名などの特定の個人が識別できる記述を置換もしくは削除することを要請しています。2号は、特定の個人が識別できる識別子を置換もしくは削除すること、3号は、識別子を置換もしくは削除することを要請しています。4号と5号は準識別子となる恐れがある情報を削除したり置換することを要請しています。

下図で、4号と5号についてガイドラインの例示に基づいて示します。

◉図13-06 4号および5号の措置

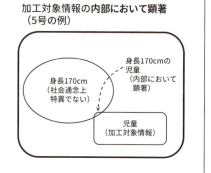

　4号は、個人情報保護法の対象の集合（つまり「生存する個人」全体）の中で特異な属性の項目について必要な措置を指しています。ガイドラインでは「一般的に見て、珍しい事実に関する記述」という表現になっています。図の例では、年齢が「116歳」という属性は「一般的に見て、珍しい」ので「90歳以上」と置き換えています（このような加工をトップコーディングといいます）。

　一方、5号は、匿名加工の対象となるデータベースの中で特異なものについて必要な措置を指しています。図の例では、身長が「170cm」という情報を加工する必要がある場合を示しています。この属性は「一般的に見て、珍しい」とはいえないのですが、匿名加工の対象が児童のデータベースであるときは、その中で特異になるので加工が必要となります。

　もっとも「身長170cmの児童」という属性を考えると「一般的に見て、珍しい」といえそうです。このように、組み合わせることで特異になるものについては、4号になるのか5号になるのかという議論の余地はありそうですが、いずれにしろ加工の対象であることは変わりありません。

◆ 参照情報

　どのような属性でも他の情報と組み合わせたときに対象の集合の中で一意になり、特定の個人を指し示す傾向があります。すなわち準識別子になってしまいがちです。

　国立情報学研究所の匿名加工情報に関する技術検討ワーキンググループは、前述の規則の第19条の各号で示された措置について考察して「匿名加工情報の適正な加工の方法に関する報告書」としてまとめています。

この報告書では、匿名加工の対象となる個人情報を「加工対象情報」、基準の1号の措置の対象になる項目を「特定対象項目」、加工対象情報の外部にあって、それを参照することにより特定の個人が識別できる情報を「参照情報」と呼んでいます。

これらの関係を図13-07に示しました。

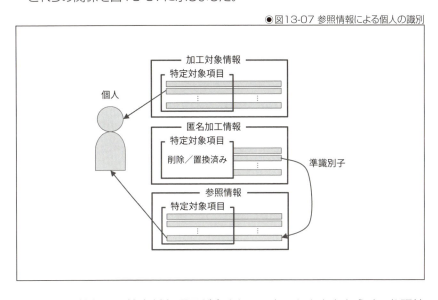

●図13-07 参照情報による個人の識別

匿名加工情報には特定対象項目が含まれていないにもかかわらず、参照情報に共通に含まれる項目（準識別子）によって、参照情報の特定対象項目と紐付けられて個人の特定に至っています。

これに加えて前節で述べたアキネイターの例を考慮に入れるとさらに事態は複雑になります。表13-01に列挙されている中には、1つも「特定の個人を識別できる情報」が含まれないように見えます。しかしながらこれらの情報のみで、少なくともアキネイターは特定の個人を識別してしまいます。「その他の記述等」という文言は何も限定していませんから、法律を文字通り解釈すると、表13-01は個人情報になってしまいそうです。

再考：とある人物を特定する

　以上を踏まえて考えると、アキネイターによって「何でもない情報」から弊社社長が特定されてしまった本質的な理由は、「アキネイターのデータベースにおいて特異であったから」ということであり、有名税——すなわち「著名であるから」ではないことがわかります。

　もちろん、アキネイターのデータベースに登録された理由は著名であったからなのですが、「著名であるかどうか」は、「データベースの中で特異となるかどうか」とは関係ありません。

　どのような条件によってデータベースの中で特異になってしまうのか、これも予想するのは困難です。「みにくいアヒルの子の定理」を思い出してください。この定理は「すべての二つの物件は、同じ度合いの類似性を持っている」ことと同時に、「すべての区別しうるものは識別しうる」ことを示しています。

　すなわち、「どんなパターンでも、それが特異になるような述語を考えることができる」わけです。アキネイターがやっていることはまさしくこれです。

　これはどういうことかというと、たとえば表13-01の条件を列挙して、『えー、そちらからもらったデータベースのですね、「実在していて、YouTuberじゃなくて、（中略）、社長で、課金をよくしない人」をお願いします』というのと、『「藤田晋さん」をお願いします』というのとは、実質的に同等であるということです。

プライバシーに関わる情報

　以上で示したようにアキネイターは強力な参照情報を持っていますが、社会的な問題にはなっていません。それはアキネイターがことさらにプライバシーに関わる情報を表示したり暗示したりすることがないからです。

　ここでは、具体的にどんな情報がプライバシーに関わる情報とされるかについて述べます。

◆ プライバシーとは何か

　参考文献[56,60]では、プライバシーは通常、次の3つに分類されるとしています。

- 身体のプライバシー
- 情報のプライバシー
- 意志決定のプライバシー

身体のプライバシー（physical privacy）は、たとえば、みだりに他人に触られないといったことです。窃視や盗聴なども含まれます。

情報のプライバシー（informational privacy）は、自分についての知られていない事実を他者に知られないことです。

意志決定のプライバシー（decisional privacy）は、自分の意志決定が他者に介入されないことです。これは少しわかりにくいですが、たとえば2016年のアメリカ大統領選挙でFacebookのユーザー情報がイギリスの選挙コンサルティング企業に利用された事件が典型例として挙げられるでしょう。これにより選挙の結果が左右されたとされており、意志決定のプライバシーの侵害に関する問題として整理できます。

◆ データマイニング特有のプライバシーの問題

また、上記の参考文献では、以上の3つに加えて、哲学者であり法理論学者でもあるアニタ・L・アレン（Anita L.Allen）による分類として性格のプライバシーが挙げられています。

性格のプライバシー（dispositional privacy）は、たとえ正当な手段によっても自分の心の状態が他者によって知られないこととされています。情報のプライバシーに似ていますが、特に秘密にしていない情報からでも趣味嗜好に関わることを知られないことを意味していて、具体的にはデータ分析によるプロファイリングなどを指しています。

◆ JIS Q 15001

日本工業規格（JIS: Japanese Industrial Standards）の個人情報保護マネジメントシステム—要求事項（JIS Q 15001）において、プライバシーを侵害しうる情報を**機微情報**（**センシティブ情報**）として次のような種類の情報を列挙しています。

❶ 思想・信条・宗教に関する情報
❷ 人種・民族・出生地・本籍地。身体障害・精神障害・犯罪歴・社会的差別の原因となる情報
❸ 労働運動への参加状況
❹ 政治活動への参加状況
❺ 保健医療や性生活

◆ 要配慮個人情報

個人情報保護法では、**要配慮個人情報**として第2条第3項で次のように定められています。

1. 人種
2. 信条
3. 社会的身分
4. 病歴
5. 犯罪の経歴
6. 犯罪により害を被った事実
7. その他本人に対する不当な差別、偏見その他の不利益が生じないようにその取り扱いに特に配慮を要するものとして政令で定める記述等が含まれる個人情報

法令に基づく場合などを除いて、あらかじめ本人の同意を得ないで取得してはならないと定められています。

◆ EP図

日本ネットワークセキュリティ協会が毎年、出している「情報セキュリティインシデントに関する調査報告書」では、情報の価値基準を定めるための**EP図（economic-privacy map）**が提案されています［61］。

これは個人に関する情報を「基本情報」「経済的情報」「プライバシー情報」の3つでラベルづけして、漏洩したときのリスクを経済的損失と精神的苦痛の2軸で整理したものです。

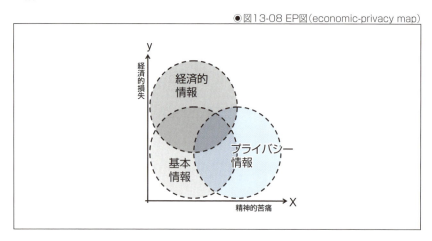

●図13-08 EP図（economic-privacy map）

たとえば、「氏名」などは基本情報、「クレジットカードの番号と暗証番号の組み合わせ」などは経済的情報、「信条」「思想」などはプライバシー情報に分類されます。「購入履歴」のように、経済的情報とプライバシー情報の両方の性質が勘案されるものもあります。

上記の報告書では、EP図をもとにして経済的損失レベルと精神的苦痛レベルを3段階に分けて情報の具体的な項目が分類されていますので、適宜ご参照ください。

COLUMN 欧州委員会による十分性認定

本文では、EU域内居住者についてはGDPRが域外適用になる旨を述べましたが、日本とEU間の個人データ移転については、欧州委員会による十分性認定が発効されるということで欧州委員会と個人情報保護委員会との間で2018年7月に合意しました。この場合の留意点について個人情報保護委員会事務局による資料があります[62]。さらに2018年9月には「個人情報の保護に関する法律に係るEU域内から十分性認定により移転を受けた個人データの取り扱いに関する補完的ルール」が公表されました[63]。それぞれ、適宜ご参照ください。

COLUMN 性癖

本文ではdispositional privacyを「性格のプライバシー」としましたが、実は参考文献では「性癖のプライバシー」と訳されています。しかしながら世間一般では「性癖」は「性的な趣味嗜好」を指す言葉として用いられがちなので、誤解を招く恐れがあると考えて表現を改めました（本来の「性癖」の用法は「傾向」くらいの意味合いです）。

なお、シンプルEP図では「趣味」や「嗜好」が精神的苦痛レベル2の情報として分類されており、一方「性癖」は「性生活の情報」と併記されて精神的苦痛レベル3となっています。こちらではおそらく「性的な趣味嗜好」の意味で「性癖」が用いられています。

SECTION-65

本章のまとめ

　日常生活の上で倫理的に生きることに比べて、プロフェッショナルとして倫理的に生きることにはより一層の難しさがあります。その難しさを解きほぐすカギのいくつかを本章では提示しました。

　本書の最後に位置する章として、「指標を考える」の章で挙げた『マネー・ボール』から、「計算量の見積もり」の章で述べた見積もり、ひいては「パターンと距離」の章で挙げた「みにくいアヒルの子の定理」に至るまで、広範囲のトピックスによって立ちながら説明いたしました。

　技術者倫理に限らず、あらゆる知識は有機的につながっていて、そのつながりを見いだしたときこそが真の理解を得たときといえるでしょう。いびつながらも本書全体で1つの有機的な知識のつながりとなるような構成を心がけました。読み返していただいたときに、新たなつながりを見いだしていただけましたら望外の喜びです。

🌐 本章の参考文献

[56] C. ウイットベック『技術倫理〈1〉』, みすず書房, 2000, 札野 順・飯野弘之(訳).

[57] 土屋俊・大谷卓史『情報倫理入門』, アイ・ケイコーポレーション, 2014.

[58] Librahack,「容疑者から見た岡崎図書館事件」, 2010,
URL:http://librahack.jp/

[59] 個人情報保護委員会「特定分野ガイドライン」, 2018,
URL:https://www.ppc.go.jp/personal/legal/guidelines/

[60] C.Whitbeck, Ethics in Engineering Practice and Research, Cambridge University Press, 1998.

[61] NPO日本ネットワークセキュリティ協会セキュリティ被害調査ワーキンググループ「情報セキュリティインシデントに関する調査報告書別紙 第1.0版」, 2018.

[62] 個人情報保護委員会事務局
「国際的な個人データの移転について」, 2018, 5月,
URL:https://www.kantei.go.jp/jp/singi/it2/senmon/dai14/siryou2-2.pdf

[63] 個人情報保護委員会「個人情報の保護に関する法律に係るEU域内から十分性認定により移転を受けた個人データの取扱いに関する補完的ルール」2018, 9月,
URL:https://www.ppc.go.jp/files/pdf/Supplementary_Rules.pdf

あとがき

　平成も終わり「そして伝説へ」といった空気感が漂っていますが、いかがお過ごしでしょうか？　ここ10年弱を振り返ってみると2011年ごろの「ビックデータ」というバズワードを皮切りに、データサイエンス、ディープラーニング、ブロックチェーン、AI、ロボティック・プロセス・オートメーションといったデータに関わるバズワードが多数生まれた時代でした。新しい技術や概念が生まれては2、3年後には消失したり再定義され中身が伴ったりと、データ界隈でいえばなかなかの激動の時代でドッグイヤーとはよくいったものでしょう。このような激動の時代においてはどうしても流行り廃りが生じ、流行りに乗っておかないと絶対に駄目だと考える人もいるかもしれません。しかし物事の本質はどんな時代でも不変です。たとえば、今日の一般的なコンピュータシステムであるノイマン型コンピュータ上でデータ処理をしている限りはメモリ量を考慮してデータセットを扱わなければいけないのはいつの時代も変わりません。これまでもこれからも直向きにデータに向き合ってほしいと筆者一同切に願っております。

　なお、本書の執筆にあたって多くの方々のご支援をいただきました。この場を借りてお礼を申し上げます。サイバーエージェント秋葉原ラボのメンバー各位には仕事の合間を見て真摯に本書のレビューをしていただきました。さらに編著者である森下の旧友の角田徹氏には、「エンジニア的財務会計」「指標を考える」の章について詳細なレビューをいただきました。また、ここでお名前を挙げることは控えさせて頂きますが、「技術者倫理」の章についても精緻なレビューを受けて改稿を施しております。ここにレビュアー各位に深く感謝申し上げます。残念ながら受けたご指摘のすべてを反映させることは叶いませんでしたが、ひとえに筆者の力不足によるものです。本文中に誤りや不正確な記述があった場合はすべて著者の責任に帰すものであります。

　さらに、執筆期間を通じて三井記念病院血液内科の増田亜希子先生には森下の主治医として陽に支えていただきました。また、C&R研究所代表取締役の池田武人氏ならびに編集担当の吉成明久氏には、出版まで辛抱強く見守っていただきつつ、たくさんの助言をいただきました。ここに心より感謝申し上げます。

索引

数字

5Fs	253
5つの競争要因	253

A・B・C

ad technology	261
AIC	186
Akaike Information Criteria	186
Akinator	281
algorithm	74
alias	104
array	76
AS	100
association list	82
balance sheet	235
bit	47
boxplot	119
B/S	235
cashflow	234
cell	82
click through rate	262
clustering	156
code	57
code system	58
column	82
columnar	83
column-oriented	83
control character	54
conversion	262
conversion rate	262
cost par action	263
cost par click	263
cost per mill	262
CPA	263
CPC	263
CPM	262
CPU	218,220
CTR	262
CV	262
CVR	262

D・E・F

database normalization	91
data dredging	18
data mining	18
data structure	74
data type	46
decisional privacy	293
declarative knowledge	71
decode	58
decoding	58
delimiter	53
dispositional privacy	293
domain-specific language	99
DSL	99
economic-privacy map	294
EDA	19
encode	58
encoding	58
EP図	294
escape character	54
Euclidean distance	145
EU一般データ保護規則	283
exploratory data analysis	19
field	90
FIFO	78
financial accounting	234
first in	78
first out	78
five forces	253
fixed-length	47

G・H・I・K

GDPR	283
General Data Protection Regulation	283
Generalized Linear Model	180
GLM	180
GROUP BY句	101
Hamming distance	150
hash	82
Herfindahl-Hirschman index	131
HHI	131,265
ID	57,286
identifier	57,286
i.i.dな確率変数列	41
Imp	262
impression	262
independently identically distributed random variables	41
index	76
Inf	49
infinity	49
informational privacy	293
in-house code	58
interquartile range	118
IQR	118
KDD	19
kernel function	126

索引

key	82
key goal indicator	253
key performance indicator	253
key success factor	252
key-value	82
KGI	253
knowledge-discovery in databases	19
KPI	253
KSF	252
k-平均法	160

L·M·N·O·P

last in	78
Levenshtein distance	151
Librahack事件	278
LIFO	78
linear list	77
literal	52
magic number	65
Mahalanobis' distance	158
Manhattan distance	146
MapReduce	221
member	83
Message Passing Interface	222
microdata	90
MPI	221,222
N/A	53
NaN	49
nesting structure	81
not a number	49
not available	53
null literal	53
nullリテラル	53
order statistic	116
pattern	139
pattern recognition	138
PC	176
percentile	117
physical privacy	293
pivot	92
P/L	235
P-Pプロット	128
Principal Component	176
probability–probability plot	128
procedural knowledge	71
profit	234
profit and loss statement	235
program	75
pseudonymisation	287

Q·R·S·T·U·V·W

Q-Q plot:quantile-quantile plot	129
Q-Qプロット	129
quantile	118
quasi-identifier	288
queue	78
RDBMS	88,99
record	90
relational database management system	88,99
RMSE	211
ROE	259
Root Mean Squared Error	211
row	82
sabermetrics	251
SELECT文	99
signed	48
SQL	99
stack	78
structure	83
Sturges' rule	123
table	82
technical debt	245
tidy data	91
unpivot	92
unsigned	48
variable-length	47
WHERE句	101
WITH句	104

あ行

赤池情報量基準	186
アキネイター	281
後入れ先出し法	78
アドテクノロジー	261
アルゴリズム	74
アンピボット	92,106
意思決定支援	24
意志決定のプライバシー	293
一般化線形モデル	180
入れ子構造	81
因子分析	179
インハウスコード	58
インプレッション	262
インプレッション課金型	264
売上高総利益率	257
営業利益率	258
エスケープシーケンス	54
エスケープ文字	54
エンコーディング	58

索引

項目	ページ
エンコード	58
エンジニアリング	24
オーダー記法	226
オンライン学習	229

か行

項目	ページ
カーネル関数	126
回帰式	180
回帰分析	180
会計指標	234, 257
過学習	185
課金モデル	264
確定的成分	201
確率過程	195
確率関数	35
確率的成分	201
確率変数	33
確率密度関数	34, 123, 132
可視化	114
可変長	47
仮名化	287
カラム	82
カラムナー	83
キー	82
キー・サクセス・ファクター	252
記憶装置	218
技術者倫理	272
技術的負債	245
季節成分	201
期待値	37, 196
機微情報	293
基本統計量	29
義務	273
帰無仮説	43, 181
キャッシュフロー	234
キュー	78
行	21
行指向	83
共分散	174
共有メモリ型	220
距離	143
区間推定	40
区切り文字	53
クラスタリング	156
グラフ	114
クリック保証型	264
クリック率	262
クロス集計	31
経常利益率	258
結果の重大性	279
結果の予見可能性	279
結合	102
検定	43
権利	275
構造体	83
コード	57
コード体系	58
コサイン距離	149
コサイン類似度	149
個人識別符号	286
個人情報の保護に関する法律	283
個人情報保護委員会	283
個人情報保護法	283
個人に関する情報	284
固定長	47
個票データ	90
根元事象	32
混合分布推定	160
コンバージョン	262
コンバージョン率	262

さ行

項目	ページ
最小二乗法	181
最頻値	30
財務会計	234
最尤推定	42, 181
先入れ先出し法	78
サブクエリ	104
散布図	132, 173
散布図行列	173
サンプル	28
識別子	57, 286
時系列データ	190
自己共分散	196
自己資本利益率	259
自己相関係数	196
事象	32
質的データ	22
ジニ係数	130
指標	250
四分位数	118
四分位範囲	118
弱定常	197
重回帰分析	181
周期性	200
集計	29
縮約	176
主成分	176
主成分得点	177
主成分分析	176

述語	163
準識別子	288
順序統計量	116
純利益率	258
情報のプライバシー	293
情報量基準	185
職務上の責任	275
仕訳	238
身体のプライバシー	293
真の分布	186
信頼	276
推定	40
推定量	41
数値リテラル	52
図示	192
スタージスの公式	123
スタック	78
ストレージ	218
スモールトレンド法	201
性格のプライバシー	293
成果報酬型	264
正規分布	181
制御文字	54
整数型	48
整然データ	91
正則化	187
精度	47
セイバーメトリクス	251
責任	273
説明変数	180
セミパラメトリックな方法	127
セル	82
線形予測子	181
宣言的知識	71
全事象	32
センシティブ情報	293
全数調査	28
相関	173
相関係数	174
総資産回転率	259
添え字	76
損益計算書	235

た行

貸借対照表	235
対数尤度関数	40
ダイナミックレンジ	48
代表値	29
対立仮説	43
互いに独立で同一分布に従う確率変数列	41

多次元尺度構成法	153
多次元配列	79
縦持ち	92
多変量データ	21
単位根過程	206
探索的データ解析	19
単式簿記	240
中央値	30
データ	21,24
データ型	46
データ構造	74
データの浚渫	18
データベースからの知識発見	19
データベースの正規化	91
データマイニング	18
テーブル	82,88,108
デコーディング	58
デコード	58
手続き的知識	71
デュポンシステム	260
点推定	40
統計学	24,28
統計量	41
道徳的責任	275
匿名加工情報	289
独立	37
ドメイン固有言語	99
取引の二面性	237
トレンド成分	201

な行

| 二項分布 | 39,182 |
| ノンパラメトリックな手法 | 125 |

は行

パーセンタイル	117
ハーフィンダール・ハーシュマン指数	131,265
バイアス	185
配列	76
箱ひげ図	119
派生変数	22
パターン	24,139
パターン認識	138
ハッシュ	82
バッチ学習	229
ハミング距離	150
パラメトリックな確率分布	39
パラメトリックな推定	124
バリアンス	185

索引

非数	49
ヒストグラム	122
被説明変数	180
ビット	47
非定常過程	206
ビニング	23
ピボット	92, 105
表計算ソフトウェア	88
標準偏差	31, 38
標本	28
標本調査	28
標本統計量	195
標本不偏分散	42
標本分散	41
標本平均	41
ビン	23
ファイブフォース	253
フィールド	90
フェルミ推定	224
複式簿記	236
複素数型	50
符号つき	48
符号なし	48
浮動小数点型	49
負の二項分布	183
プライバシー	292
ブレークダウン	260
プログラム	75
分散	30, 38, 196
分散共分散行列	133
分散公式	38
分散メモリ型	220
分布関数	33
ペアプロット	132
平均	29
平均対数尤度	186
平均平方二乗誤差	211
並列コンピューティング	220
並列処理	220
ベクトル	108
別名	104
偏回帰係数	181
編集距離	151
ポアソン分布	183
母集団	28
母数	39

ま行

マジックナンバー	65
マネー・ボール	250
マハラノビス距離	158
マハラノビス汎距離	148, 161
マンハッタン距離	146
見せかけの相関	207
みにくいアヒルの子の定理	163, 292
ミニバッチ学習	230
無限大	49
メタ情報	60, 68
メタデータ	60
メモリ	218
メンバー	83
文字列型	50
文字列リテラル	53
モデル選択	184

や行

有意	43
有意水準	43, 181
ユークリッド距離	145
尤度	40
尤度関数	40
有理数型	50
要配慮個人情報	294
横持ち	92
予測	209

ら行

ランダウ記法	226
利益	234
利益率	257
離散型確率分布	35
リスト	77
リテラル	52
量的データ	22
理論分布	128
リンク関数	182
累積密度関数	34
レーベンシュタイン距離	151
レコード	90
列	21
列指向	83
列ベクトル	108
連想リスト	82
連続型確率分布	34
ロウ	82
ローレンツ曲線	130
ロジスティック回帰	182
ロジット関数	182
論理型	50

■編著者紹介

もりした そういちろう
森下 壮一郎

2005年 埼玉大学大学院理工学研究科博士後期課程単位取得退学。2009年 同大学にて博士（工学）を授与。東京大学、電気通信大学、理化学研究所を経て、2016年10月より株式会社サイバーエージェントに勤務。メディア事業におけるデータマイニングなどに従事。

■著者紹介

みずかみ
水上 ひろき

家具のSPA企業を経て、2014年より株式会社サイバーエージェント勤務。現在は、ストリーミング型音楽配信サービスである、AWAのコンテンツ推薦システムとBIのためのデータ処理基盤の企画・設計・開発・運用に従事。

たかの まさのり
高野 雅典

2009年 名古屋大学大学院情報科学研究科博士課程修了。博士（情報科学）。システムインテグレータを経て、現在は株式会社サイバーエージェントに勤務。自社サービスの開発・運用に携わった後、現在はメディア事業のデータマイニング・計算社会科学研究に従事。

かずみ たくろう
數見 拓朗

2013年 株式会社サイバーエージェント入社。2017年 大阪大学大学院経済学研究科博士後期課程修了。博士（経済学）。主にアメブロ、広告で利用する機械学習システムの構築と運用や分析業務などを担当。

わ だ かずや
和田 計也

大手電機メーカー、バイオベンチャーを経て、2011年4月より株式会社サイバーエージェント勤務。以後、ソーシャルゲームやAWA、AbemaTV、タップル誕生といったメディア事業の各サービスのユーザ行動分析に従事。

編集担当：吉成明久 / カバーデザイン：秋田勘助（オフィス・エドモント）
写真：©ymgerman - stock.foto

●特典がいっぱいのWeb読者アンケートのお知らせ

　C&R研究所ではWeb読者アンケートを実施しています。アンケートにお答えいただいた方の中から、抽選でステキなプレゼントが当たります。詳しくは次のURLのトップページ左下のWeb読者アンケート専用バナーをクリックし、アンケートページをご覧ください。

C&R研究所のホームページ　http://www.c-r.com/
携帯電話からのご応募は、右のQRコードをご利用ください。

データマイニングエンジニアの教科書

2019年7月1日　初版発行

編著者	森下壮一郎
著　者	水上ひろき、高野雅典、數見拓朗、和田計也
発行者	池田武人
発行所	株式会社　シーアンドアール研究所 新潟県新潟市北区西名目所 4083-6（〒950-3122） 電話　025-259-4293　　FAX　025-258-2801
印刷所	株式会社　ルナテック

ISBN978-4-86354-270-9 C3055

©Morishita Soichiro, Mizukami Hiroki, Takano Masanori, Kazumi Takuro, Wada Kazuya, 2019

Printed in Japan

本書の一部または全部を著作権法で定める範囲を越えて、株式会社シーアンドアール研究所に無断で複写、複製、転載、データ化、テープ化することを禁じます。

落丁・乱丁が万一ございました場合には、お取り替えいたします。弊社までご連絡ください。